电工智能综合实训教程

主　编：梁季彝

副主编：田凤霞　李土松　叶永祥

参　编：黄旭钊　黄景良　许文靖

　　　　唐幸儿

东南大学出版社

SOUTHEAST UNIVERSITY PRESS

·南京·

内容简介

本书从应用角度由浅入深系统地介绍了电工技能及复杂机床电路的 PLC 化简改造；三菱常用的高、低端 PLC 通信；触摸屏、变频器、PLC 三方通信控制等程序实例。本书以技能竞赛和项目化教学为主线，以训练学生编程能力和扎实基础为主线，使学生通过学习加深对 PLC 指令的应用从而在今后的自制教仪改造设计和职业技能竞赛方面有坚实的基础。

图书在版编目（CIP）数据

电工智能综合实训教程 / 梁季彝主编． — 南京：
东南大学出版社，2017.6
ISBN 978 - 7 - 5641 - 5014 - 3

Ⅰ．①电…　Ⅱ．①梁…　Ⅲ．①电工维修－技术培训－
教材　Ⅳ．①TM07

中国版本图书馆 CIP 数据核字（2017）第 096696 号

电工智能综合实训教程

出版发行	东南大学出版社	
出 版 人	江建中	
社　　址	南京市四牌楼 2 号	
邮　　编	210096	
经　　销	全国各地新华书店	
印　　刷	南京工大印务有限公司	
开　　本	787 mm×1092 mm　1/16	
印　　张	15.25	
字　　数	380 千字	
书　　号	ISBN 978 - 7 - 5641 - 5014 - 3	
版　　次	2017 年 6 月第 1 版	
印　　次	2017 年 6 月第 1 次印刷	
定　　价	45.00 元	

＊本社图书若有印装质量问题，请直接与营销部联系，电话：025－83791830。

前　言

　　机电一体化技术作为电气、自动化、机械制造等工科专业的延伸，机电类应用型、技能型人才也成为国民经济各行业急需的人才。为满足职业学校机电一体化学生的技能训练需要，我团队开发了一套物料自动分拣与姿势调整工作站。该系统具有以下特点：

　　1. 为维修电工职业资格中级工、高级工、技师完成培训和高职院校机电一体化、自动化专业提供理想的平台。符合国家人力资源和社会保障部《可编程控制系统设计师》等相关的职业资格的四级和三级认证要求和国家安全监督局《电工安全技术》培训认证要求。

　　2. 适用于中级工、高级工以上的高技能人才在机电一体化相关专业技术应用方面的培训课程的教学、训练和工程实践，包括从单项技术（技能）到综合技术（技能）培训，满足学生动手能力的强化，为解决在工作岗位所遇到的技术问题提供建设性的解决方案。

　　3. 本教材以现代电气装调职业技能竞赛为主线，迎合实际技能装配与调试而设计构建《电工智能综合实训教程》的整体框架，确定了教材的具体内容。

　　参加编写的有专家、高工、选手，包括：全国 PLC 职业技能大赛前三名的江门高级技工学校竞赛选手；广东省现代电气装调职业技能大赛以及广东省自动化生产线安装与调试竞赛好手；广东省"挑战杯"大学生校外科技作品大赛一等奖、特等奖竞赛团队；第四届全国自制教学仪器三等奖团队。他们均长期从事职业技能培训及研制特色教仪设备，具有丰富教学经验和实践能力。

　　本书第一篇由梁季彝高级实验师编写；第二篇由田凤霞高级工程师及叶永祥编写；第三篇由黄景良高级实习指导教师及李土松编写；第四篇由黄旭钊工程师及许文靖讲师编写；全书由唐幸儿副教授校对、统稿。

　　教材编写工作得到了江门市安全监督局、江门技能鉴定中心、江门市五邑职业培训学校、安信公司的大力支持，在此深表感谢！同时希望广大读者对教材提出宝贵意见和建议。

梁季彝

2016 年 12 月于江门

目　录

1

第一篇 电工培训

特种作业是指容易发生人员伤亡事故,对操作者本人、他人及周围设施的安全有重大危害的作业。

特种作业包括:电工作业、金属焊接切割作业、起重机械作业、厂内机动车辆驾驶、登高架设作业、锅炉作业、压力容器操作、制冷作业、爆破作业、矿山通风作业、矿山排水作业、省市相关部门规定并经国家批准的其他作业。

凡取得《特种作业操作证》的特种作业人员,每 2 年需参加一次复审培训,对未按期复审或复审不合格的人员,其操作证作废,不得再从事该特种作业。

1 电流对人体的危害

1.1 电流作用机理

电流通过人体时破坏人体内部细胞组织的正常工作,主要表现为生物学效应。电流作用还包括热效应、化学效应、机械效应。电流对人体的作用受以下影响:

(1) 电流的大小;

(2) 人体电阻:主要由表皮电阻和体内电阻构成,体内电阻一般较为稳定,在 500 Ω 左右,表皮电阻则与表皮湿度、粗糙程度、触电面积等有关,一般人体电阻在 $1\sim2$ kΩ 之间;

(3) 持续时间;

(4) 电流频率(50~60 Hz 时电流对人体伤害最严重);

(5) 电流途径;

(6) 电流大小:

按通过人体的电流大小而使人体呈现不同的状态,可将电流划分为三级:

①感知电流(成年男性 1.1 mA;女性 0.7 mA):是指在一定的概率下通过人体引起人有任何感觉的最小电流。

②摆脱电流(成年男性 16 mA;女性 10.5 mA):在一定概率下人触电后能自行摆脱带电体的最大电流。

③致命电流(30 mA 以上有生命危险;50 mA 以上可引起心室颤动;100 mA 足可致死)。

1.2　电流对人体伤害的类型

电击：电击是电流对人体内部组织造成的伤害（50 mA 即可致命）。

电伤：电伤是电流的热效应、化学效应、机械效应对人体造成的伤害。

主要特征：灼伤、电烙印、皮肤金属化、机械性损伤、电光眼。

触电方式：

按人体触及带电体的方式和电流通过人体的途径，触电可分为三种情况：单相触电、两相触电、跨步电压触电。

触电事故规律：

①触电事故季节性明显，6～9 月事故最多；②低压触电事故多；③携带式设备和移动式设备触电事故多；④电气连接部位触电事故多；⑤错误操作和违章作业造成的触电事故多；⑥不同行业、不同年龄、不同地域触电事故各不相同。

1.3　脱离电源的方法

脱离低压电源的方法：拉闸断电、切断电源线、用绝缘物品脱离电源；

脱离高压电源的方法：拉闸停电、短路法；

脱离跨步电压的方法：断开电源。

穿绝缘靴或单脚着地跳到触电者身边，紧靠触电者头或脚把他拖到等电位地面上，即可就地静养或进行抢救。

1.4　触电急救的原则

发现有人触电时，首先要尽快地使触电人脱离电源，然后根据触电人的具体情况，采取相应的急救措施。

脱离电源时的注意事项：

（1）救护者一定要判明情况，做好自身防护。

（2）在触电人脱离电源的同时，要防止二次摔伤事故。

（3）如果是夜间抢救，要及时解决临时照明，以避免延误抢救时机。

急救方式——心肺复苏法：

（1）畅通气道；

（2）口对口（鼻）人工呼吸；

（3）胸外按压（人工循环）。

胸外按压与口对口（鼻）人工呼吸同时进行时，其节奏为：单人抢救时，每按压 15 次后吹气 2 次，反复进行；双人抢救时，每按压 5 次后由另一人吹气一次，反复进行。

1.5　电气安全工作基本要求

（1）遵守规章制度和安全操作规程。

（2）配备专业人员并进行安全教育。

（3）进行安全检查。

（4）建立档案资料。

1.6 保证安全的组织措施

（1）工作票制度

一个工作负责人只能发一张工作票。

（2）工作许可制度

工作票签发人不得兼任该项工作的负责人；

工作负责人可填写工作票；

工作许可人不得签发工作票。

（3）工作监护制度。

（4）工作间断、转移和终结制度。

1.7 保证安全的技术措施

（1）停电

工作地点必须停电的设备如下：

待检修的设备；

与工作人员进行工作中正常活动范围的距离小于规定距离的设备；

在 44 kV 以下的无安全遮拦的设备上进行工作时，距离小于规定的设备；

带电部分在工作人员后面或两侧无可靠安全措施的设备。

（2）验电

必须用电压等级合适且合格的验电器；

高压验电必须戴绝缘手套。

（3）装设接地线。

（4）悬挂标示牌。

如果线路上有人工作，应在线路开关和刀闸操作把手上悬挂"禁止合闸，线路有人工作！"的标示牌。

在室内高压设备上工作，应在工作地点两旁间隔和对面间隔的遮拦上及禁止通行的过道上悬挂"止步，高压危险！"的标示牌。

在室外高压设备上工作，应在工作地点四周用绳子做好围栏，围栏上悬挂适当数量的"止步，高压危险！"的标示牌。

1.8 安全标识

安全色是表达安全信息含义的颜色，国家规定的有红、黄、蓝、绿四种颜色：

红色——禁止、停止；

黄色——警告、注意；

蓝色——指令、必须遵守；

绿色——指示、通行、安全状态。

1.9 接触电击防护

1.9.1 直接接触电击防护

绝缘、屏护、电气间隙、安全距离、漏电保护等都是防止直接接触电击的防护措施。

绝缘电阻是最基本的绝缘性能指标。

屏护作用:防止触电事故、防止电弧飞溅、防止电弧短路。

屏护分类:永久性屏护装置、临时性屏护装置、移动性屏护装置。

间距:安全距离的大小取决于电压的高低、设备类型、安装方式。

①线路间距

②设备间距

配电装置的布置应考虑设备搬运、检修、操作和试验方便。

③检修间距

在维护检修中人体及所带工具与带电体必须保持足够的安全距离。低压工作中,人体或其所带的工具与带电体之间的距离不应小于 0.1 m。

表 1－1　导线与建筑物的最小距离(m)

线路电压(kV)	1 以下	10	35
垂直距离	2.5	3.0	4.0
水平距离	1.0	1.5	3.0

表 1－2　导线与树木的最小距离(m)

线路电压(kV)	1 以下	10	35
垂直距离	1.0	1.5	3.0
水平距离	1.0	2.0	—

表 1－3　在高压无遮拦操作中,人体或其所带工具与带电体之间的最小距离(m)

	10 kV 以下	20～35 kV	35 kV 以上
一般情况下	0.7	1.0	—
用绝缘杆操作时	0.4	0.6	—
在线路上工作时人与邻近带电线的距离	1.0	—	2.5
使用火焰时,火焰与线	1.5	—	3.0

1.9.2　间接接触电击防护

保护接地和保护接零是防止间接接触电击最基本的措施。

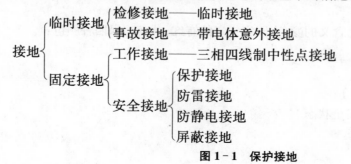

图 1－1　保护接地

(1)保护接地

变压器中性点(或一相)不直接接地的电网内,一切电气设备正常情况下不带电的金

4

属外壳以及和它连接的金属部分与大地作可靠电气连接。

保护接地应用范围:适用于中性点不接地电网。

①电机、变压器、照明灯具、携带式移动式用电器具的金属外壳和底座。

②配电屏、箱、柜、盘,控制屏、箱、柜、盘的金属构架。

③穿电线的金属管,电缆的金属外皮,电缆终端盒、接线盒的金属部分。

④互感器的铁芯及二次线圈的一端。

⑤装有避雷器的电线杆、塔、高频设备的屏护。

（2）IT 系统

"I"表示配电网不接地或经高阻抗接地;

"T"表示电气设备金属外壳接地。

原理:

给人体并联一个小电阻,以保证发生故障时,减小通过人体的电流和承受的电压。

（3）保护接零

保护接零就是在 1 kV 以下变压器中性点直接接地的系统中一切电气设备正常情况下不带电的金属部分与电网零干线可靠连接。

保护接零应用范围:

中性点直接接地的供电系统中,凡因绝缘损坏而可能呈现危险对地电压的金属部分均应采用保护接零作为安全措施。

保护零线的线路上,不准装设开关或熔断器。在三相四线制供电系统中,零干线兼做工作零线时,其截面不能按工作电流选择。

（4）TT 系统——俗称"三相四线制"配电网

两个"T"分别表示配电网中性点和电气设备金属外壳接地。

（5）三相五线制

在三相四线制系统中,零干线除了保护作用外,有时还要流过零序电流。尤其是在三相用电不平衡情况和低压电网零线过长阻抗过大时,即使没有大的漏电流发生,零线也会形成一定电位。另外,用绝缘导线做零线,其机械强度的保证受到一定限制。

因此,在三相四线制供电系统中,把零干线的两个作用分开,即一根线做工作零线(N),另外一根线做保护零线(E),这就是三相五线制供电。

应用范围:采用保护接零的低压供电系统。

执行要求:

①用绝缘导线布线时,保护零线用黄绿双色线,工作零线一般用黑色线;

②工作零线由变压器中性点瓷套管引出,保护零线由接地体的引出线处引出;

③重复接地按要求一律接在保护零线上;

④对老企业的改造,是逐步实行保护零线与工作零线分开的方法;

⑤用低压电缆供电的,应选用五芯低压电力电缆;

⑥在终端处,工作零线和保护零线一定分别与零干线相连接。

1.9.3　通用触电防护措施

安全电压:是指把可能加在人体上的电压限制在某一范围之内,使得在这种电压下,通过人体的电流不超过允许的范围。这一电压称为安全电压。但是安全电压并不是绝对没有危险的电压。

安全电压额定值:42 V、36 V、24 V、12 V、6 V;

空载上限值:50 V、43 V、29 V、15 V、8 V。

安全电压对供电电源的要求:

①供电系统单独自成回路,不得与其他电气回路(包括零线和地线)有任何联系。

②使用变压器做电源时,其输入电路和输出电路要严格实行电气上的隔离,二次回路不允许接地。为防止高压串入低压,变压器的铁芯(或隔离层)应牢固接地或接零。不允许用自耦变压器做安全电压电源。

安全电压的选用:

42 V用于危险环境中的手持电动工具;

36 V和24 V用于有触电危险的环境中使用的行灯和局部照明灯;

12 V用于金属容器内等特别危险环境中使用的行灯;

6 V用于水下作业场所。

漏电保护器:电气线路或电气设备发生单相接地短路故障时会产生剩余电流,利用这种剩余电流来切断故障线路或设备电源的保护电器称为漏电保护器。

2 防火防爆与防雷接地

2.1 防火防爆安全要求

(1)工作火花与事故火花

工作火花是指电气设备正常工作时或正常操作过程中产生的火花,如开关或接触器开合时产生的火花、插销插拔时产生的火花。

事故火花是指线路或设备发生故障时出现的火花,如发生短路时产生的火花、静电火花、保险丝熔断时的火花等。

(2)电气防火安全要求

电气设备的额定功率要大于负载的功率;电线的截面积允许电流要大于负载电流;电气设备的绝缘要符合安全要求;电气设备的安装要符合一定的安全距离;不可卸的接头及活动触头要接触良好;加强电气设备的维护工作;灯具完整、无损伤,附件齐全;不同极性的带电部件之间有合理的电气间隙;开关、插座、接线盒及其面板等绝缘材料要有阻燃性;电线、电缆绝缘层厚度要符合有关规定。

(3)防爆安全要求

消除或减少爆炸性混合物;隔离;消除引燃源;接地措施完好。

2.2 防雷安全要求

不同场合的防雷措施有所不同。

建筑物的防雷措施:避雷针、避雷带、避雷网。

架空线路防雷措施:设避雷线;提高线路自身的绝缘水平;用三角形顶线做保护线;

安装自重合熔断器。

变配电站的防雷措施:设避雷针;高压侧装设阀型避雷器或保护间隙;当低压侧中性点不接地时,也应装设阀型避雷器或保护间隙。

2.3　防静电安全要求

(1) 静电的危害

爆炸和火灾——容易产生静电火花;

电击——带静电的人体电压可达上万伏;

妨碍生产,影响产品质量(纺织业)。

(2) 防静电的措施

接地、泄漏法、静电中和、工艺控制。

3　高压电气设备安全

高压电气设备安全,主要指 1 000 V 以上供配电系统中的设备或装置及其操作安全。

3.1　变电所安全管理

(1) 变电所应有以下记录

抄表记录、值班记录、设备缺陷记录、设备试验检修记录、设备异常及事故记录。

(2) 变电所应建立以下制度

值班人员岗位责任制度、交接班制度、倒闸操作票制度、巡视检查制度、检修工作票制度、工作器具保管制度、设备缺陷管理制度、安全保卫制度。

(3) 变电所工作要求

运行基本要求、值班人员基本要求、交接班要求。

(4) 发生以下情况禁止交接班

接班人员饮酒或精神不正常;发生事故或正在处理故障时;设备异常尚未查清原因;正在倒闸操作。

3.2　高压设备巡视

(1) 特殊巡视检查内容

阴雨、降雪、大雾、冰雹天气时检查室外各接头及载流导体有无过热、融雪现象;检查瓷绝缘有无破裂、严重放电、闪络现象;检查避雷装置的完好性;导线是否过松、有无伤痕;变压器工作是否正常。

(2) 高压设备上工作时的安全措施

在高压设备上工作,必须遵守:填用工作票或口头、电话命令;至少应有 2 人在一起工作;要有保证工作人员安全的组织措施和技术措施。

主要高压电气设备包括:高压熔断器、高压隔断开关、高压负荷开关、高压断路器、高压开关柜、电力变压器。

电力变压器的温度:变压器发热元件温度不得超过 105 ℃。因此,绕组温升不得超过 65 ℃;

铁芯表面温升不得超过 70 ℃;

为了减缓变压器油变质,上层油温最高不宜超过 85 ℃。

为防止线路过热,保证线路正常工作,导线运行最高温度不得超过表 1-4 中限值。

表 1-4 导线运行温度限值

线路类型	极限温度
橡皮绝缘线	65 ℃
塑料绝缘线	70 ℃
裸线	70 ℃
铅包或铝包电线	80 ℃
塑料电缆	65 ℃

3.3　主要高压电气设备安全操作要求

（1）倒闸操作

倒闸操作主要是指拉开或合上断路器或隔离开关,拉开或合上直流操作回路,拆除和装设临时接地线及检查设备绝缘等。

倒闸操作必须执行操作票制度。

倒闸操作的基本要求:

①变电所的倒闸操作必须填写操作票;

②倒闸操作必须有两人同时进行,一人监护,一人操作;

③高压操作应戴绝缘手套,室外操作应穿绝缘鞋、戴绝缘手套;

④如逢雨、雪、大雾天气在室外操作,无特殊装置的绝缘棒及绝缘夹钳禁止使用,雷电时禁止室外操作;

⑤装卸高压保险时,应戴防护眼镜和绝缘手套,必要时使用绝缘钳并站在绝缘垫或绝缘台上操作。

（2）送电操作要求

①明确工作票或调度指令的要求,核对将要送电的设备,认真填写操作票。

②按操作票的顺序进行预演,或与系统接线图进行核对。

③根据操作需要,穿戴好防护用具。

④按照操作票的要求在监护人的监护下,拆除临时遮拦、临时接地线及标示牌等设施,由电源侧向负荷侧逐级进行合闸送电操作。严禁带地线合闸。

（3）停电操作要求

①明确工作票或调度指令的要求;核对将要停电的设备,认真填写操作票。

②按操作票的顺序在模拟盘上预演,或与系统接线图核对。

③根据操作要求,穿戴好防护用具。

④按照操作票的要求在监护人的监护下,由负荷侧向电源侧逐级拉闸操作,严禁带

负荷拉刀闸。

⑤停电后验电时,应用合格有效的验电器,按规定在停电的线路或设备上进行验电。确认无电后再采取接挂临时接地线、设遮栏、挂标示牌等安全措施。

4　电气安全用具、测量及管理

4.1　电气安全用具

（1）操作工具

高压设备的操作用具有绝缘杆、绝缘夹钳和高压验电器等；

低压设备的操作用具有装有绝缘手柄的工具、低压验电笔等。

（2）防护用具

①绝缘手套：戴绝缘手套的长度至少应超过手腕 10 cm,要戴到外衣衣袖的外面。

②绝缘靴（鞋）：不能用普通防雨胶靴代替绝缘靴；要定期做电气试验。

③绝缘垫——厚度不小于 5 mm。

④绝缘台——干燥的木条制作。

⑤遮栏。

⑥登高作业安全用具。

4.2　电气安全测量

在高压回路上使用钳形电流表的测量工作,应由两人进行,严禁导线从钳形电流表另接表计测量。

测量电路的电压时,将电压表并联在被测电路的两端。

4.3　电气安全管理

（1）组织措施

①在电气工程的设计、施工、安装、运行、维护和配置安全防护装置时,要严格遵守国家规定、标准和法规,并符合现场的特定安全要求。

②建立健全的安全规章制度,包括安全操作规程、运行管理规程、维护检修制度、事故分析制度和安全用具使用保管制度等。

③定期对电气操作人员进行安全技术培训和考核,宣传国家、地方、行业的最新安全技术要求和规定。不断提高安全生产意识和安全操作技能,杜绝违章指挥和违章操作。

凡从事电气作业人员,必须持有电气作业人员操作证方准上岗,无证人员不准独立操作。严禁非电工从事电气作业。

④健全管理体系。企业动力部门（设备部门）或安技部门应有专职或兼职技术人员负责电气安全及技术管理、电气资料管理和定期的电气安全检查。用电部门要经常开展隐患自检,对查出的问题要制定整改计划。

（2）技术措施

①正确选用和安装电气设备的导线、开关、保护装置。

②电气设备正常不带电的金属外壳、框架,应采取保护接地(接零)措施。

③电气设备和线路要保持合格的绝缘、屏护、间距要求。

④合理配置和使用各种安全用具、仪表和防护用品。对特殊专用安全用具要定期进行安全试验,取有合格证。

⑤积极推广和优先使用带有漏电保护器的开关。

⑥在采用接零保护的供电系统,要实行三相五线制供电方式。

⑦手持电动工具,应有专人管理,经常检查安全可靠性,应尽量选用Ⅱ类、Ⅲ类。

⑧电气设备和线路周围,应留有一定操作和检修场地,易燃易爆物品应远离电气设备。

⑨室外电气设备应有防雨措施。

⑩电气标志(警示牌、标志桩、信号灯)设置完好。

5 案例分析与防范措施

【案例一】

某建筑工地新安装了一台搅拌机,上午电工接上线就走了,下午工地开始使用搅拌机,发现转向错了,工地没有电工,工地负责人就自己摆弄电门,他边弄边说:"这事简单,把两根线一倒就行了。"于是他把三相闸刀开关拉下,伸手去抓开关电源侧的导线,结果手握导线触电死亡。

事故原因分析

（1）刀闸开关虽然拉下,但是其电源侧仍然有电,处于不安全状态;

（2）非电工禁止进行电工作业,工地负责人属违章行为;

（3）在操作前要进行验电,而该负责人在未弄清是否有电的情况下用手去抓开关的电源侧,这种不安全行为是事故发生的直接原因;

（4）工地没有能够严格制定、执行电工作业制度及安全操作规程;

（5）员工缺乏电气知识,可见该建筑企业的安全教育培训工作没有真正落到实处。

事故教训

在触电死亡的人员中,有许多不是电工,不懂电气安全常识却去为电气设备接线、维修、操作电气设备,导致触电事故。

防范措施

一是要严格执行电气安全规程,不是电工,不许安装、维修电气设备;

二是要开展全员电气安全教育。

【案例二】

××年×月,陈某上班后清理场地,由于电焊机接地线绝缘损坏,使外壳及与电气联成一体的工作台带电。当陈某将焊好的钢模板卸下来时,手与工作台接触,随即发生事故。将陈某送往医院,经抢救无效后死亡。

事故原因分析

（1）接地线过长,致使其绝缘被损坏、外壳带电,所以造成单相触电事故。

（2）电气安全设施管理不严,缺乏对电焊机的定期检查。

事故教训

在使用电气设施、设备的时候一定要严格遵守安全制度和电气设备、设施的安全操作规程。

防范措施

（1）接地、接零线要完好,并经常检查。

（2）一旦损坏要及时维修。

6 低压电工作业安全技术实际操作

表1-5 低压电工作业安全技术实际操作（一）

科目一 安全用具使用		
培训、考试项目	培训、考试内容	培训、考试范围
低压电工个人防护用品使用	个人防护用品的用途及结构	口述低压电工个人防护用品（大纲中抽考三种）的作用及使用场合。口述各种低压电工个人防护用品的结构组成
	个人防护用品可使用性的检查	正确检查外观
	正确使用个人防护用品	遵循安全操作规程,按照操作步骤正确使用
	个人防护用品的保养	正确口述所选个人防护用品的保养要点
电工仪表安全使用	选用合适的电工仪表	口述各种电工仪表的作用。针对考评员布置的测量任务,正确选择合适的电工仪表
	仪表检查	正确检查仪表的外观
	正确使用仪表	遵循安全操作规程,按照操作步骤正确使用仪表
	对测量结果进行判断	对测量结果进行分析判断
	备注:对给定的测量任务,无法正确选择合适的仪表,违反安全操作规范导致自身或仪表处于不安全状态等,考生该题得零分,终止该项目考试	
常用的安全标识的辨识	熟悉常用的安全标识	指认图片上所列的安全标识（5个）
	常用安全标识用途解析	能对指定的安全标识（5个）的用途进行说明,并解释其用途
	正确布置安全标志	按照指定的作业场景,正确布置相关的安全标识

表 1-6 低压电工作业安全技术实际操作(二)

科目二 安全操作技术		
培训、考试项目	培训、考试内容	培训、考试范围
三相异步电动机正反运行的接线及安全操作	运行操作	接线正确,通电正常运行
	安全作业环境	正确使用仪表检查线路,操作规范,工位整洁
	问答及口述	口述:(1)正确使用控制按钮(控制开关);(2)正确选择电动机用的熔断器的熔体或断路器;(3)正确选用保护接地、保护接零
	备注:通电不成功、跳闸、熔断器烧毁、损坏设备、违反安全操作规程等,该考生得零分,并终止整个实操项目考试	
单相电能表带照明灯的安装及接线	运行操作	接线正确,通电正常运行
	安全作业环境	正确使用仪表检查线路,操作规范,工位整洁
	问答及口述	口述:(1)电能表的基本结构与原理;(2)日光灯电路组成;(3)漏电保护器的正确选择和使用
	备注:通电不成功、跳闸、熔断器烧毁、损坏设备、违反安全操作规程等,该考生得零分,并终止整个实操项目考试	
导线的连接	导线连接	接线规范、可靠、紧密、合理
	安全作业环境	合理使用电工工具、不损坏工具、工位整洁
	问答及口述	口述:(1)导线的连接方法有哪些;(2)根据给定的功率(或负载电流),估算选择导线截面
	备注:接头连接不紧密、松动,考生该题记零分,终止整个实操项目考试	

表 1-7 低压电工作业安全技术实际操作(三)

科目三 作业现场安全隐患排除		
培训、考试项目	培训、考试内容	培训、考试范围
判断作业现场存在的安全风险、职业危害	观察作业现场、图片或视频,明确作业任务或用电环境	通过观察作业现场、图片或视频,口述其中的作业任务或用电环境
	安全风险和职业危害判断	口述其中存在的安全风险及职业危害

表 1-8　低压电工作业安全技术实际操作（四）

科目四　作业现场应急处置		
培训、考试项目	培训、考试内容	培训、考试范围
单人徒手心肺复苏操作	判断意识，呼救，判断颈动脉搏	呼救、按规定判断意识和颈动脉搏
	定位，胸外按压	按规定定位、按规定进行胸外按压
	畅通气道，打开气道，吹气	按规定进行畅通气道、打开气道、吹气
	判断，整体质量判定	完成 5 次循环后进行判断，有效吹气 10 次，有效按压 150 次进行判断
	整理，整体评价	安置患者、整理服装、摆好体位、整理用物，个人着装整齐
触电事故现场应急处理	低压触电的断电应急程序	完整口述低压触电脱离电源方法
	高压触电的断电应急程序	完整口述高压触电脱离电源方法
	备注：口述高低压触电脱离电源方法不正确，终止整个实操项目考试	

7　常见电工安全标志图

常见标志是由安全色、几何图形和图形符号构成，用以表达特定的安全信息的标志。它一般分为禁止标志、警告标志、指令标志和提示标志四大类型。

（1）禁止标志

禁止标志是指禁止或制止人们不安全行为的图形标志，其基本形状为带斜杠的圆边框。圆环和斜杠为红色，图形符号为黑色，衬底为白色。

禁止标志举例：

图 1-2　禁止标志

（2）警告标志

警告标志是提醒人们对周围环境引起注意，以避免发生危险的图形标志，其基本形状为正三角形，顶角朝上。正三角形边框及图形符号为黑色，衬底为黄色。

警告标志举例：

注意安全　　　　　　当心触电　　　　　　当心电缆　　　　　　当心静电

图 1-3　警告标志

（3）指令标志

指令标志是强制人们必须做出某种动作或采取防范措施的图形标志，其基本形状为圆形图案。图形符号为白色，衬底为蓝色。

指令标志举例：

必须戴安全帽　　　必须穿戴　　　　必须戴安全带　　必须戴防护眼镜
　　　　　　　　绝缘保护用品

图 1-4　指令标志

（4）提示标志

提示标志是向人们提供某种信息的图形标志，其基本形状是方形边框。图形符号为白色，衬底为绿色。

提示标志举例：

图 1-5　提示标志

8　常见电工作业违章行为

（1）安全帽的佩戴

● 进入现场不戴安全帽、戴不会格安全帽或安全帽佩戴不规范。

《电业安全工作规程》

第32条　任何人进入生产现场（办公室、控制室、值班室和检修班组室除外），必须戴安全帽。

图1-6　安全帽的佩戴

（2）操作过程"五个不干"

操作过程"五不干"
CAOZUOGUOCHENG "WUBUGAN"

操作任务不清不干；

无票操作不干；

操作票不合格不干；

没有监护不干；

设备编号不清楚不干。

图1-7　操作过程"五不干"

（3）高处作业不使用安全带

● 高处作业不使用安全带或安全带未挂在牢固的构件上。

《电业安全工作规程》

第584条　在没有脚手架或者在没有栏杆的脚手架上工作，高度超过1.5 m时，必须使用安全带，或采取其他可靠的安全措施。

图1-8　高处作业不使用安全带

（4）合闸操作

在合闸操作中，不在模拟上预演，
不标示设备实际状态，不执行复咏制，
不执行监护制，"心照不宣""敷衍了事"。

图 1-9　合闸不规范

（5）检查时没按检查路线走，检查不到位

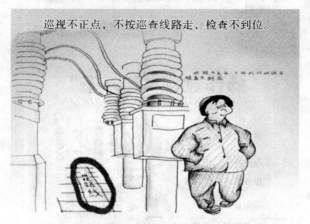

巡视不正点，不按巡查线路走，检查不到位。

图 1-10　线路检查的要求

（6）检修作业"五不开工"

检修作业"五不开工"
JIANXIUZUOYE "WUBUKAIGONG"

无计划不开工；

准备不充分不开工；

三措不落实、不到位不开工；

领导干部和监督人员不到位不开工；

无作业程序不开工。

图 1-11　检修作业的"五不开工"

（7）进入有毒气体地点作业不带报警装置

图 1-12 检测报警装置的使用环境

（8）设备检查后，未办理工作票终结就恢复运行

图 1-13 检修完毕的措施

（9）填写作业票不认真

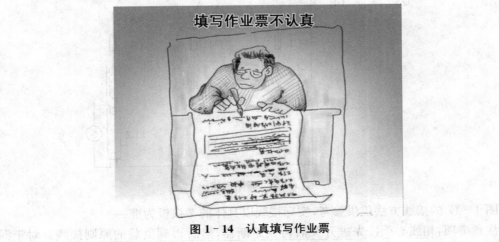

图 1-14 认真填写作业票

（10）作业前没测试是否带电

图 1-15　施工作业前的检查

（注：以上漫画由江门市安监局提供）

9 低压电工实操考核

9.1 照明电路

时间：10 分钟。

内容：漏电开关、螺口灯座、三脚扁插座及日光灯的安装。

要求：按闸刀开关、漏电开关、控制开关、熔断器、负载（螺口灯座、插座、日光灯）的顺序接线，具体电路及接线示意图见图 1-16、图 1-17。

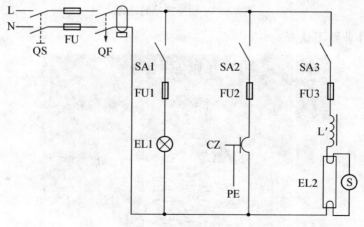

图 1-16　照明电路

图 1-17 的接线方法仅供参考，实际接线以具体的考核板为准。

注意事项：相线必须按先进开关后再到熔断器，然后再到负载的原则接线。对于漏电开关、插座等其他电器，如果有明确标示 N（零）线位置或端子的，要严格按标示接线，没有明确标示 N(零)线位置或端子的,则按左 N(零)右相的原则接线。各开关控制的负载对象必须相对应,不能交叉控制。

具体要求就是螺口灯座的螺口端子、三脚扁插座左侧端子、日光灯的一端灯丝接 N(零)线。

螺口灯座的中心端子、三脚扁插座右侧端子、日光灯镇流器的一端接相线。

三脚扁插座中间上侧端子接安全保护(PE)线。

只要违反以上任一点要求,或者不符合图 1-16 电路要求,则判为不及格。

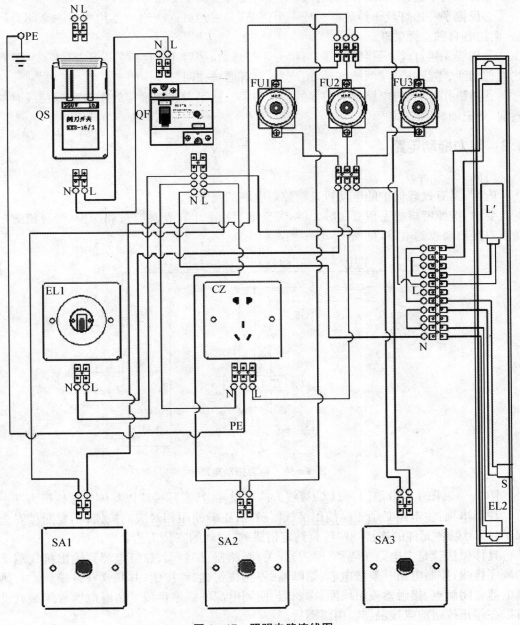

图 1-17　照明电路连线图

常见问题：

①漏电开关、螺口灯座、三脚扁插座的N(零)线没有按标示要求或违反左零右相的原则连接。

②相线没有按规定先进开关、熔断器后再到负载的要求连接。

③没有接三脚扁插座的PE(接地)线，即漏接了安全保护线。

④日光灯镇流器不是接相线，即零线接镇流器。

⑤启辉器不是串在两灯丝之间，而串接在两灯丝的后面。

⑥各开关不是控制相对应的对象(负载)，交叉控制了不相对应的负载。

⑦仅接了一边灯丝＋镇流器构成一个回路，另一边灯丝＋启辉器构成另一个闭合回路，两边各自独立无关联。

⑧相线先接灯丝，后接镇流器，再接另一端灯丝，然后才接启辉器、N(零)线。甚至有些人把相线、零线分别接两端灯丝，镇流器、启辉器接在两灯丝中间。

⑨插错孔，插到与电路没有连接的空孔中了。这是没有理解接线图与实际接线时的差别，死记硬背的结果。

9.2　电力拖动电路

时间：15分钟。

内容：具有过载保护的电动机自锁控制电路的安装。

要求：按照考核板上现有实际元件，完整地接出一个符合具有过载保护、带自锁的电动机直接启动控制电路，见图1-18～图1-21。

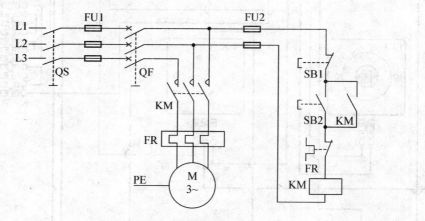

图1-18　电力拖动电路

图1-19、图1-20、图1-21的接线方法仅供参考，实际接线以具体的考核板为准。

注意事项：主电路必须正确使用接触器触点；正确使用相对应的按钮；不要漏接安全保护(PE)线；各元件的连接顺序符合约定俗成的、常规的安装工艺要求。

具体做法就是主电路按隔离(闸刀)开关、断路器、接触器、热继电器到输出接线端子的顺序接线；控制电路一般按电源、熔断器、停止按钮、启动按钮(并联常开自锁触点)、热继电器常闭触点、接触器吸引线圈、熔断器、回到电源的顺序接线。热继电器常闭触点也可以在停止按钮前或接触器吸引线圈后。

建议先接好控制电路，检查没有错误后再接主电路，然后再检查一遍，看有没有漏接安全保护(PE)线或其他的线。

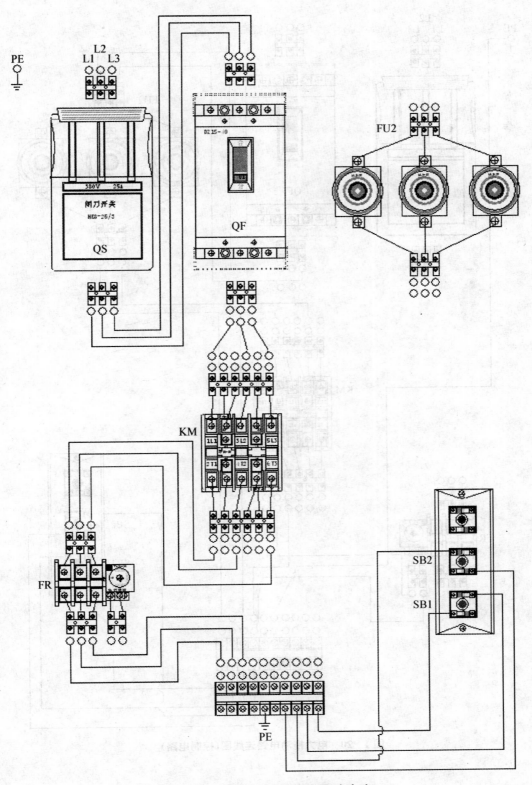

图 1-19　电力拖动电路连线图(主电路)

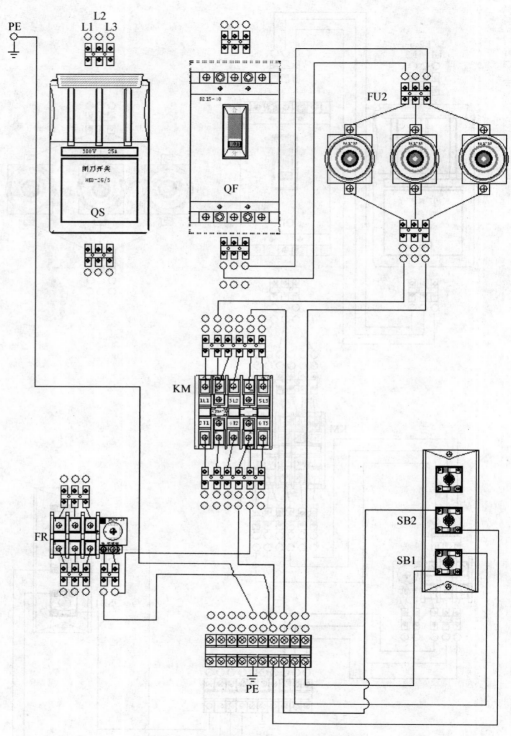

图 1 - 20　电力拖动电路连线图（控制电路）

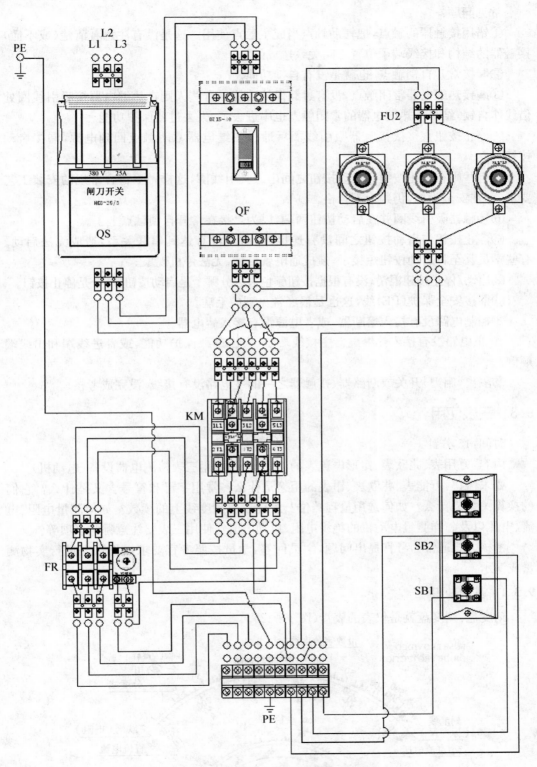

图 1-21　电力拖动电路连线图（完整图）

常见问题：

①错用接触器的触点，把辅助触点当成主触点使用。这是没有注意看清楚（或不懂）接触器的结构和接线端子位置之间关系造成的。

②漏接常开自锁触点，也就是没有自锁功能。

③漏接热继电器常闭触点，没有过载保护功能。有些人则在热继电器接吸引线圈处借线作自锁，结果把热继电器的常闭触点也串进去了，失去过载保护功能。

④停止按钮直接接接触器吸引线圈后通过热继电器常闭触点回到电源，漏接启动按钮。

⑤有些则在停止按钮和启动按钮之间串入吸引线圈，这样做不符合常规的安装工艺要求，存在安全隐患，仍判为不合格。

⑥接触器吸引线圈并在启动按钮两端，以为是接在常开自锁触点上了。

⑦停止按钮与启动按钮之间没有连接线，两者没有达到串联关系，造成无法启动。有些学员甚至将启动按钮短接了，造成通电就启动，无法停机现象。

⑧启动/停止按钮混淆，没有根据按钮颜色去区分哪个是启动按钮，哪个是停止按钮。

⑨漏接安全保护（PE）线，这也是最经常见到的毛病。

⑩控制电路没有接入熔断器，或者电源没有接入熔电器。

⑪主电路没有接入热继电器主接线端子，失去过载保护功能，或者进线端和出线端颠倒。

⑫隔离（闸刀）开关或断路器、接触器之一的主电路没有接线，没完成考核。

9.3 三表使用

时间：15分钟

内容：万用表、兆欧表、钳形电流表的使用，以及应用三表检测电器设备（电动机）

要求懂得：万能表、兆欧表、钳表的用途是什么？常用字母和符号含义是什么？它们的换算关系是什么？如何选用量程挡位？怎样读取刻度线上的读数？如何测量电阻、电流、电压以及怎样测量电动机的绝缘电阻、启动电流？使用三表要注意哪些事项等？

考核方式通常为考官提出问题，学员回答，学员按照考官要求操作仪表进行实物测量或演示。

9.3.1 基础知识

刻度盘：刻度盘就是仪表的表盘（图1-22）。

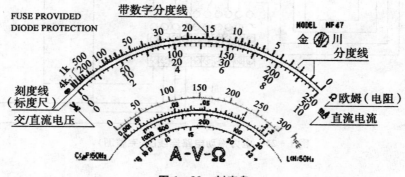

图1-22 刻度盘

　　刻度线:刻度盘上的一条条圆弧线,有时也称为标度尺(见图1-22上面的各条圆弧线)。

　　分度线:将刻度线分成一格一格的等分竖线(一些仪表或某些分度线是不等分的)。分度线有带数字分度线与不带数字分度线之分。带数字分度线粗长一些,不带数字分度线多数细短一些,个别粗长一些。每两个带数字分度线之间称为大格,每大格之间又分成一格一格的分度线,称为小格,每一小格的数值称为分度值(见图1-22上面两条圆弧线中的一条条竖线)。

　　量值:任意两分度线之间分度值之和(俗称读数),通常指被测量值。

　　量程选择开关:又称为量程转换开关,简称量程开关或量程挡。量程选择开关主要用于选择各种不同待测物理量参数及大小的测量电路,以满足不同量程的测量要求,见图1-23。

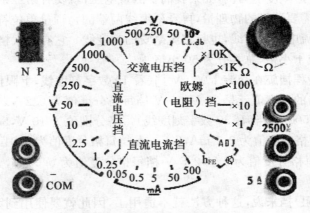

图1-23　量程选择开关

　　量程选择开关面板上主要标有欧姆(电阻)挡、直流电流挡、交/直流电压挡等量程区域,其中 Ω 为欧姆(电阻)挡,mA(mA)为直流电流毫安挡,V̌ 为交流电压挡,V(V)为直流电压挡(图1-23)。

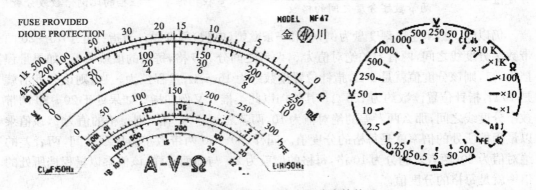

图1-24　量程挡与刻度上限分度的关系

　　在图1-24中,我们可以看到电流/电压刻度线的上限(最大)分度线的数字,与量程挡上相对应挡位的数字成一定的比例关系。我们看第二条刻度线,其最右边的上限(最大)分度线的数字分别为250、50、10,它对应于量程挡的2 500、1 000、500、250、50、10、5、2.5、1、0.5、0.25等数字,形成一定的倍数或分数的比例关系。250对应于2 500、250、

2.5、0.25；50 对应于 500、50、5、0.5、0.05；10 对应于 1 000、10、1。因此，我们根据量程挡的位置直接读取相对应数字刻度线的量值，然后乘以它们比例的倍数或分数就得出被测量的实际值（又称实际测量值）。

欧姆量程挡的×10k、×1k、×100、×10、×1 分别为欧姆（电阻）刻度线分度值的倍率，它表示指针所处位置的量值乘以所在挡位的倍率就得出被测量的实际值。

分度值的计算方法有两种。一是传统的、标准的计算方法。它是以每条刻度线上总共有多少分度（格），然后根据量程挡位置以及所要读取上限（最大）数字值，确定每分度（格）的数值。用公式来表示就是：

$$分度值 = \frac{上限值}{总格数} \quad （上限值——上限数字值乘以量程挡的比例倍数或分数）$$

以图 1-24 左边刻度盘为例，如果我们要测量电压，就要看第二条刻度线（看哪条刻度线，要根据我们需要测量的物理量，再看刻度线两端的物理量单位符号来选择）。这条刻度线既是交/直流电压刻度线，也是直流毫安的刻度线。它有五大格（五条带数字分度线），每大格又分成十小格，总共分为 50 小格。

如果我们将量程挡旋在交流 1 000 V 挡（看 10 数字刻度线，上限值为 1 000，以下同样类推），那么每格的分度值就是 20 V，10 V 挡每格分度值为 0.2 V，1 V 挡每格分度值为 0.02 V。同样，500 V 挡（看 50 数字刻度线）每格分度值为 10 V，50 V 挡每格分度值为 1 V（5 mA 挡每格分度值为 0.1 mA，0.5 mA 挡每格分度值为 0.01 mA）；250 V 挡（看 250 数字刻度线）每格分度值为 5 V，2.5 V 挡每格分度值为 0.05 V，其他的量程挡也如此类推。

对于欧姆（电阻）挡来说，这种方法就不适用了，因此就要使用到第二种方法。这种方法就是以指针所处位置的前后两个带数字分度数值之差的绝对值，除以这两个带数字分度之间的分度（格）数，再乘以量程挡的倍率（量程挡的比例倍数或分数），就得出每分度（格）的值，用公式来表示就是：

$$分度值 = \frac{|前带数字分度数值 - 后带数字分度数值|}{两带数字分度之间的格数} \times 量程挡倍率（量程挡的比例倍数或分数）$$

仍以图 1-24 左边刻度盘为例，看第一条欧姆（电阻）刻度线。当指针处于 15~20 两带数字分度线之间，两者差的绝对值为 5，两者之间分为 5 格，每格的值就为 1。如果量程挡为×1，则该分度值就是 1 Ω，指针位置读数约为 16.5 Ω；量程挡为×10，则该分度值就是 10 Ω，指针位置读数约为 165 Ω。其他挡以此类推。又例如指针如果处于 20~30 两带数字分度线之间，那么两者差的绝对值为 10，两者之间分为 5 格，则每格的值为 2，该值乘以量程挡所处的倍率就是每格的分度值。同样，30~50 两带数字分度线之间，两者差的绝对值为 20，两者之间分为 10 格，每格的值就为 2。与前面一样，该值乘以量程挡所处的倍率就是每格的分度值。

以上方法同样适用于其他刻度线，仍以图 1-24 左边刻度盘为例。指针处于第二条交/直流电压（直流电流）刻度线 100~150（或 20~30、4~6）两带数字分度线之间，100~150（或 20~30、4~6）两者差的绝对值为 50（或 10、2），则每格的值为 5（或 1、0.2），再根据量程挡位置的比例倍数关系乘上它们的倍数或分数，从而得出其分度值。

以 250 V 挡为例，看 250 刻度线（量程挡比例倍数为 1）。100~150 之差的绝对值为

50,100～150 之间分成 10 格,则每格的值为 5,再乘以量程挡比例倍数 1,实际每格分度值为 5 V;同样,当 2.5 V 挡时,仍看 250 刻度线(量程挡比例分数为 0.01),100～150 之间每格分度值就为 0.05 V(5 的百分之一)了。

当量程挡为 500 mA 时,看 50 刻度线(量程挡比例倍数为 10)。20～30 之差的绝对值为 10,20～30 之间分成 10 格,则每格的值为 1,再乘以量程挡倍数 10,实际每格分度值为 10 mA;同样,当量程挡为 5 mA 时,仍看 50 刻度线(量程挡比例分数为 0.1)。20～30 之间每格分度值就为 0.1 mA(1 的十分之一)了。其他的挡以此类推,计算方法一样。

计算出每格的分度值后,看指针所处位置占多少格,所占格数乘以每格分度值就是实际测量值了。也可以看指针所在位置前带数字分度量值加上至指针位置所占格数的量值,从而得出被测量值的实际数值。用公式表示就是:

实际测量值＝指针位置占的总格数×分度值

  ＝指针位置前带数字分度量值＋指针位置前带数字分度至指针位置所占格数的量值

例如图 1 - 24 中,当 250 V 量程挡时,每格分度值为 5,指针所处位置占了 25 格。25×5,实际测量值为 125 V;同样,指针所处位置前带数字分度量值为 100 V,指针所处位置前带数字分度至指针位置占 5 格,每格分度值为 5,其量值为 25 V。100＋25,实际测量值为 125 V。

当 5 mA 量程挡时,每格分度值为 0.1,指针所处位置占了 25 格。25×0.1,实际测量值为 2.5 mA;同样,指针所处位置前带数字分度量值为 2 mA,指针所处位置前带数字分度至指针位置占 5 格,每格分度值为 0.1,其量值为 0.5 mA。2＋0.5,实际测量值为 2.5 mA。

以上两种方法适用于各种指针式仪表的测量值读取,包括指针式钳形电流表、兆欧表等。至于使用哪种方法好,视各人的理解能力和使用习惯去选择。考核的时候,只要能够迅速、准确地读取考官要求测量出来的值就可以了。

万用表的具体使用方法(万用表的主要用途:测量电气线路及设备的直流电阻、直流电流和交/直流电压,部分万用表还可以测交流电流。

9.3.2 测量电阻

(1) 表笔:红—"＋",黑—"COM"。

(2) 选择量程:使测量时的指针尽可能处于刻度线的 2/5～3/5 范围。对于测量一个未知大小的阻值,量程应从大到小灵活试测。

(3) 调零:将两表笔短接,调节调零旋钮(图 1 - 25 右上图),使仪表指针指零(指针偏移至第一条刻度线右边最后一条带 0 数字的分度线上)。

要特别注意:每换一次量程挡都必须重新调零!

(4) 测量:两表笔与被测对象(电阻或设备)并接,要注意的是测量过程中两手不能同时触及到两支表笔的测量端(金属部分),见图 1 - 25 右下图。

(5) 读数:一般看第一条刻度线。指针所指示的分度量值(读数)乘以量程挡的倍率就是测量实际值。

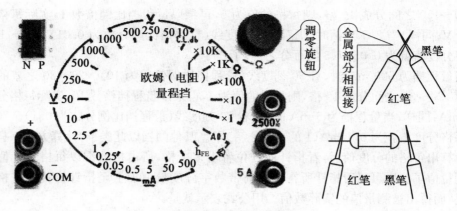

图 1-25 电阻的测量

下面以考核中常碰到的实例为例：

①测量电动机定子绕组的直流电阻。用×1 量程挡，指针在第一条刻度线 10～15 数字分度之间偏左 3 格（图 1-26）。**要注意，欧姆挡与其他挡的数字顺序相反！**

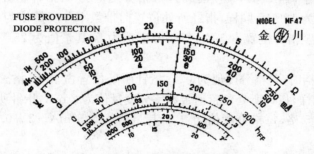

图 1-26 电动机绕组直流电阻值

两个带数字分度线 10～15 之间分成 5 小格，其差绝对值为 5，每小格分度值就为 1，3 格量值就是 3，10+3=13。由于量程挡是×1，所以实际测量值为 13 Ω。

②测量电阻。使用×1k 量程挡，指针在第一条刻度线的 30～50 数字分度之间偏左 3 格半多一些，接近一格（图 1-27）。

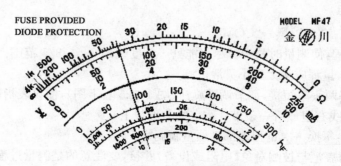

图 1-27 电阻实际测量值

两个带数字分度线 30～50 之间分成 10 小格，其差的绝对值为 20，每小格的分度值就为 2，3 格量值就是 6。最后那半格多接近 3/5，其中半格量值就是 1，剩下的半格的一半多一点估读为 0.6。这样 30（数字分度量值）+6（三格分度量值）+1（半格分度量值）+0.6（半格的一半多点的估读量值）=37.6，最后乘以 1k（1 000），实际值为 37.6 kΩ。

在考核过程中,会使用到不同阻值的电阻和不同功率的电动机,学员要灵活使用量程挡对其进行测量、判读实际测量值。再一个就是读取数值估读到 1/4 格就可以了,像上例的 0.6 可读为 0.5 即可。

(6)测量完毕:将量程挡开关旋到 OFF 或交流电压最高挡位置上。

9.3.3 测量电流

(1)表笔:红—"+",黑—"COM"。

(2)选择量程:对被测电流未知大小的,量程挡应从大到小试测,一般使指针处于刻度线的 1/3～2/3 范围内为符合测量要求。

(3)测量:见图 1-28。

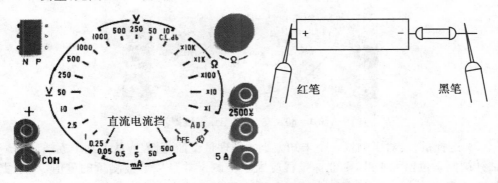

图 1-28 直流电流量程挡及电流的测量

(4)读数:一般读取第二条刻度线的数值,指针所指示的分度量值(读数)乘以量程挡的比例倍数或分数就是测量实际值。

下面以考核中常碰到的实例为例:

使用 5 mA 量程挡测量电流,看 50 数字行(图 1-29),每格分度值为 5 mA(上限值)除以 50 格等于 0.1 mA。指针处于 20～30 数字分度线之间偏右 8 格,实占 28 格。28×0.1=2.8,因此实际测量值为 2.8 mA。

图 1-29 直流电流测量值

同样,由于 5 mA 为 50 mA 的十分之一(量程挡的比例分数),两个带数字分度线 20～30 之间分成 10 小格,其差的绝对值为 10,每小格分度值为 0.1(1 的十分之一),8 小格为 0.8。带数字分度线 20 的十分之一为 2,则 2+0.8=2.8,所以指针指示的量值为 2.8 mA。

要注意实际考核中不一定是 5 mA 挡。各考官给出的串联电阻不同,应选的量程挡不同,对于不知其大小的,可先选择最大量程挡试测,再根据指针偏移范围选择相应的量程挡,尽量使指针处于 1/3～2/3 刻度线范围才符合测量要求。

(5)测量完毕:将量程挡开关旋到 OFF 或交流电压最高挡位置上。

9.3.4　交、直流电压测量

(1) 表笔:红—"+",黑—"COM"。

(2) 选择量程区域:见图 1－30 所示。

①测直流电压选择:<u>V</u>挡。

②测交流电压选择:<u>V</u>挡。

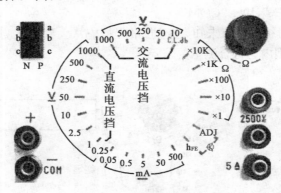

图 1－30　交、直流电压量程挡

(3) 选择量程:对于测量一个未知大小的物理量量值,量程应从大到小逐挡试测。可以估计被测量量值大小的,则选择量程应大于被测量并且接近被测量的量值,尽量使指针处于刻度线的 1/3~2/3 范围内才符合测量要求。

例如图 1－31,测量 1.5 V 电池选用 2.5 V 直流电压挡;测量 9 V 电池选用 10 V 直流电压挡;测量 12 V 电池选用 50 V 直流电压挡。

测量1.5 V电池选2.5 V量程挡　　　　　　　测量9 V电池选10 V量程挡

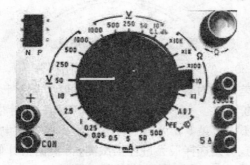

测量12 V电池选50 V量程挡

图 1－31　直流电压量程选择

（4）测量方法：

①测直流电压：红笔接正，黑笔接负（图 1-32）。

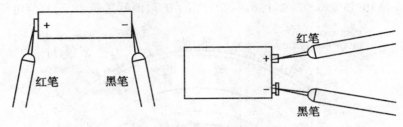

图 1-32 电池电压的测量

②测交流电压：两表笔不分正负，选好相应的量程挡后分别碰触不同电位的两个测量点。

（5）读数：通常看第二条刻度线的数值。一些万能表的交流 10 V 刻度线是专用的。因此，交流 10 V 有可能要看第三条刻度线（图 1-33）。具体看哪条刻度线，以刻度线两端的物理量单位符号为准。

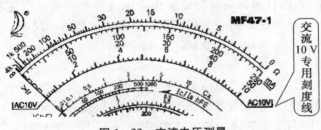

图 1-33 交流电压测量

下面以考核中经常碰到的实例为例：

①测量 1.5 V 电池，使用 2.5 V 量程挡（看 250 数字行）。指针处于 100～150 之间偏右 8 格（图 1-34），50/10×0.01＝0.05，则每小格分度值为 0.05 V，8 格量值为 0.4 V，将 250 看成 2.5，那么 100 就是 1，加上 0.4 就等于 1.4，指针指示的量值就是 1.4 V 直流电压。

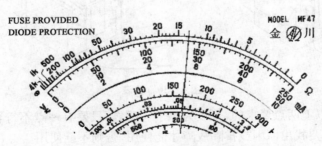

图 1-34 1.5 V 电池电压测量值

同样，2.5（上限值）÷50（格）＝0.05（每格分度值），28（格）×0.05＝1.4（伏）。

大家有没有注意到图 1-34 与图 1-14 是一样的呢？由此可以看出，指针在同一位置，不同的量程挡位，看不同的刻度线，分度值不同，读出的量值也不同，因此要求大家要正确选择要读取的刻度线和数字行。

②测量 9 V 电池,使用 10 V 量程挡(看 10 数字行,见图 1 - 35),指针处于 8~10 之间偏右 2 格多。8~10 的差绝对值为 2,则每小格分度值为 0.2 V,2 格为 0.4 V。偏多一点(小于 1/5 格)的估读 0.02,加上 8 V,指针指示的量值就是 8.42 V 直流电压。

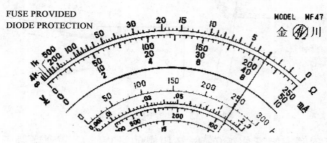

图 1 - 35　9 V 电池电压测量值

(6) 测量完毕,要将量程挡开关旋到 OFF 或交流电压最高挡上。

9.3.5　兆欧表(摇表)的具体使用方法

兆欧表的主要用途:测量电气线路及设备的相线对地及相线之间的绝缘电阻。

兆欧表的选用:根据被测对象的额定工作电压选择相对应的额定测试电压规格(如对象的额定工作电压是 380 V 则选 500 V 额定测试电压规格的仪表)。常见的额定测试电压规格有 250 V、500 V、1 000 V、2 500 V、5 000 V)。

兆欧表的使用:

(1) 表笔:红笔(夹子)—"L",黑笔(夹子)—"E"。

(2) 验表:每次检测之前必须验表,检测过程中怀疑仪表有问题时可再次验表确认。

①短路兆欧表的两支表笔,轻摇仪表的摇把 1/4~1 圈,指针能回零;

②分开兆欧表的两支表笔(两条测试线不能交叉或绞合),以每分钟 120 转的速度摇动摇把,指针指向∞(图 1 - 36)。

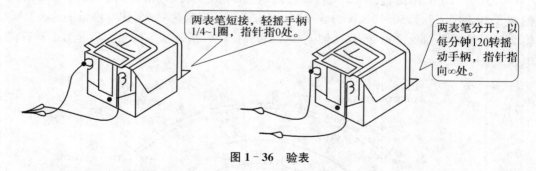

两表笔短接,轻摇手柄 1/4~1圈,指针指0处。

两表笔分开,以每分钟120转摇动手柄,指针指向∞处。

图 1 - 36　验表

只要能达到以上两点要求的,仪表为正常。反之,只要有一点不符合要求,表示仪表不正常或有故障,要找出原因或排除故障才能使用,否则不能使用。

(3) 测量电动机绝缘电阻

①对地绝缘电阻测量:拆掉连接片后,黑笔接电动机接地端子,没有专用接地端子的可接电动机外壳容易导电的部位。红笔分别接电动机绕组 U2、V2、W2 或 U1、V1、W1 的端子(图 1 - 37),绝缘电阻应大于 0.5 MΩ(潮湿天气允许大于 0.25 MΩ)为符合使用要求。

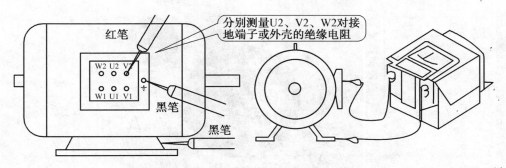

图 1-37　电动机对地绝缘电阻的测量

②相间绝缘电阻测量：拆掉连接片后，不分红、黑笔，分别测量 U1、V1、W1 或 U2、V2、W2 三个绕组之间的绝缘电阻（图 1-38）。

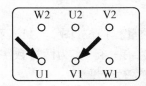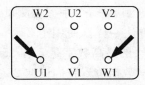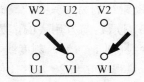

图 1-38　电动机相间绝缘电阻的测量

（4）读数：逐渐由慢到快摇动手柄，达到每分钟 120 转并稳定后，在匀速摇动中读取测量值。如在摇动时发现指针指零，必须立即停止摇动手柄，防止仪表损坏。

读取数值时，能确认其值的就直接读出，不能确认的就读大约值。例如图 1-39 所示，准确读数是 170 MΩ，可估读为大于 150 MΩ。凡是指针能压住分度线的要读出准确值，在两分度线之间的估读出其值。一般超过半格，可估读为小于前分度线量值数，不超过半格，可估读为大于后分度线量值数。假如下图中指针超过半格，可估读为小于 200 MΩ。

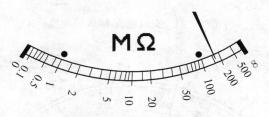

图 1-39　兆欧表 170 MΩ 量值

9.3.6　钳形电流表（钳表）的具体使用方法

钳表的主要用途：测量交流电气线路及设备的在线电流（包括了运行或启动、故障电流）。

钳表的使用：

（1）量程挡开关的选择：根据被测量大小将量程开关旋到交流电流（ACA）相应的量程挡位上，要求选择的量程要大于且接近被测量（图 1-40）。

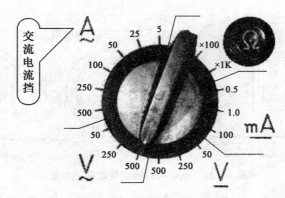

图 1-40　钳形电流表量程挡

（2）测量方法：将待测导线置于钳口内，每次只能钳一条导线。关闭钳口正式测量前，辅助钳线的另一只手要离开被测导线，单手握表测量。

（3）读数：与万用表的读数方法一样。使用了 25 A 的量程挡位（图 1-41），看第一条刻度线（图 1-42）。刻度线右边的最高数字是 5 和 25，且有一行（实为两行数字，分别对应于量程挡 5 和 25 及其比例倍数挡位），我们读取 25 数字行分度。

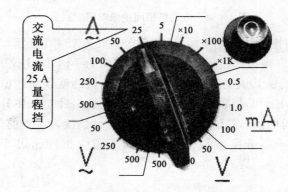

图 1-41　交流电流 25 A 量程挡

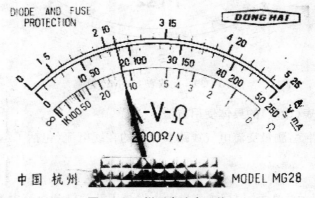

图 1-42　钳形电流表示值

指针所指的位置是 10～15 之间偏右近 1 格，每小格的分度值是 1，那么根据指针位置不足一格，但又接近一格，因此估读为 0.8，这样测量值读为 10.8 A 交流电流。

如果被测电流较小，可通过在钳口内穿绕几圈导线放大被测电流，使指针处于 1/3～

2/3 的范围内便于准确测量。读出的电流值除以钳口内的导线线数,即为测量实际电流值。

如图 1-43 所示,使用 5 A 量程挡,导线在钳口内绕一圈,有两条线穿过钳口内。如果读数为 1.2 A,则实际电流为 0.6 A。

图 1-43　钳形电流表扩流

(4) 测量完毕,应将量程挡开关旋到 OFF 或交流电压最高挡位上。

千万要注意:不能在测量过程中钳着导线转换量程挡!!!!

常见问题:

①不知道万用表、兆欧表、钳形电流表的用途;不懂得读取测量值(不懂看表);不懂得仪表上的电量符号、单位的含义及怎样换算;

②不懂得怎样选择量程,不知道指针在哪个范围才符合测量要求;

③使用欧姆挡时不知道每换一次挡都要调零;

④使用三表时不知道要注意哪些问题,特别是经常发现使用钳形电流表时钳着导线转换量程。

9.4　三相异步电动机的检测

9.4.1　基础知识

1) 电动机铭牌的辨识

Y 系列电动机铭牌(图 1-44)中型号的含义:

型号 Y80L-4	标准 JB/T10391-2002
额定功率 0.55 kW	频　率 50 Hz
额定电压 380 V	额定电流 1.5 A
接　法 Y	转　速 1 390 r/min
工 作 制 S1	B级绝缘　防护等级 IP44

图 1-44　电动机铭牌

Y——交流异步电动机;

80——机座中心高度 80 mm;

L——长机座;

4——四极电机(磁极对数 $P=2$,同步转速 1 500 r/min,转子转速约 1 400 r/min)。

其他参数:

额定功率——0.55 kW;

额定电压——380 V;

额定电流——1.5 A；

接法——Y(星形)；

工作制——S1(连续工作)；

绝缘等级——B(级)；

外壳防护等级——IP44；

转子额定转速——1 390 转/分。

2) 电动机端子板内部绕组的引出方式(图 1−45)以及各绕组的连接方法

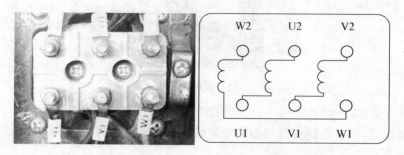

图 1−45 电动机端子板和内部绕组连接示意图

(1) 星形连接：三相绕组的同名(首或尾)端连接在一起，其余的引出三条线(L1、L2、L3)接电源，见图 1−46 所示。

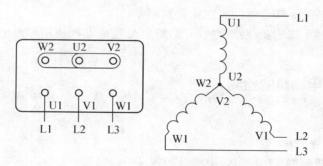

图 1−46 电动机的星形连接

(2) 三角形连接：三相绕组的异名(首—尾)端相连接，引出三条线(L1、L2、L3)接电源，见图 1−47 所示。

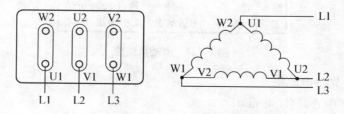

图 1−47 电动机的三角形连接

(3) 线电压、相电压、线电流、相电流：线电压＝$U_{线}$、相电压＝$U_{相}$；线电流＝$I_{线}$、相电流＝$I_{相}$(图 1−48)。

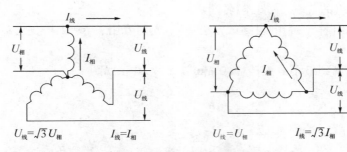

图 1‐48　线电压、相电压、线电流、相电流之间的关系

<u>线电压</u>：相线（L1、L2、L3）之间的电压，其大小为 380 V。

<u>相电压</u>：电动机绕组两端的电压（也可以说每相负载两端的电压）。

①对 Y 接法来说，$U_线=380$ V、$U_相=220$ V、$I_线=I_相$；

②对△接法来说，$U_相=U_线=380$ V、$\dot{I}_线=\sqrt{3}I_相$。

9.4.2　使用三表检测电动机

1）不带电检测

必须切断电源，拆除电源线，拆除连接锁片（图 1‐49）。不带电检测主要检查电动机的外观、三相绕组的直流电阻、相间和对地绝缘电阻，以及懂得如何判断三相绕组的首尾端。

（1）外观检查：转子转动灵活，无摩擦杂音，螺丝齐全无松脱，外壳无破裂。

（2）电阻测量：用万用表 $R\times1$ 挡测三相绕组的直流电阻（图 1‐50），要求三个电阻接近相等，其不平衡度不超过 4%，否则可能有局部短路、断路或匝数不对称。

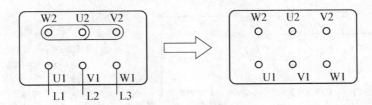

图 1‐49　拆除连接片及电源线

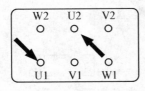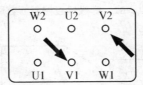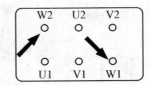

图 1‐50　电动机三相绕组直流电阻的测量

$$不平衡度=\frac{最大值-平均值}{平均值}\times100\%\leqslant4\%$$

（3）绝缘电阻测量［具体见《兆欧表（摇表）的具体使用方法》］：

①步骤：拆除连接片——验表——测相间绝缘——测对地绝缘。

②判断标准：500 V 以下的电气设备，其绝缘电阻应不小于 0.5 MΩ（潮湿天气允许不小于 0.25 MΩ），若绝缘电阻偏小，可能是严重受潮受污染、绝缘材料老化、击穿等。

（4）判断绕组的首端、尾端（同名端）

①将三个绕组解开，和电阻测量方法一样，先用万用表 $R \times 1$ 挡找出各绕组的出线端（图1-50）。

②将万用表调到最小电流挡：0.05 mA，又称 50 μA（图1-51）。

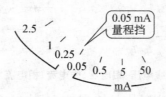

图1-51　将万用表调到最小电流挡

③首端、尾端的判别：

a. 剩磁感应法（图1-52）

将万用表置于最小直流电流（或电压）挡，按图1-47接线，旋转电动机转子，若表针不动，则三个接在一起的绕组出线端为同名端（同为首或尾端）。若指针有偏转，应将每相绕组的出线端逐相对调接在一起重测。对调一相测一次，如指针仍有偏转的，恢复对调绕组原来接法，换另一相绕组对调，直到指针不偏转为止。

b. 电池法（图1-52）

将万用表置于最小直流电流（或电压）挡，按图1-53接线，先判断 V 相。接上（或合上开关）电池的瞬间，若指针右偏，则正对负；若指针左偏，则正对正（指针偏右，则接电池正极的线端与万用表黑笔所接的线端为同名端）。用同样方法判定另一相绕组的首、尾（同名）端。

图1-52　剩磁感应法判断首尾端

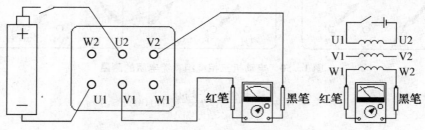

图1-53　电池法判断首尾端

2）带电检测

必须装好连接锁片，接好电源线，接通电源。带电检测主要检查电动机的线电压和相电压、启动电流、空载电流、额定电流。检查过程中要注意安全,防止短路或触电。

(1) 用万用表测电动机的线电压和相电压的方法

①线电压:不论是 Y 形接法还是△形接法,均指相线 L1、L2、L3 之间的电压,其大小为 380 V。用交流电压 500 V 挡测量 U1W1、V1W1、U1V1 之间的电压(图 1 - 54),这三个电压应接近相等,其变化不应超过电动机额定电压的±5%。

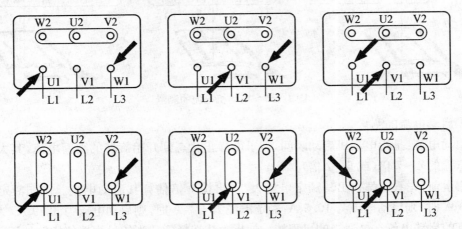

图 1 - 54　Y 形与△形接法的线电压测量

②相电压:是指电动机每个绕组两端的电压。

a. 对 Y 形接法来说,相电压就是相线对中点(三个绕组同名端接在一起的点)的电压。

用交流 250 V 挡测量,分别测量 U1U2、V1U2、W1U2 之间的三个电压(220 V),见图 1 - 55。

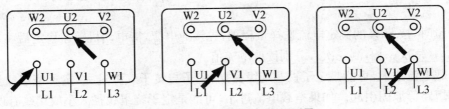

图 1 - 55　Y 形接法的相电压测量

b. 对△形接法来说,$U_线 = U_相 = 380$ V。用交流电压 500 V 挡测量 U1U2、V1V2、W1W2 三个电压(380 V),见图 1 - 56。其实,△接法的线电压测量(图 1 - 54)和相电压测量是一样的,只是表述的方法不一样罢了。

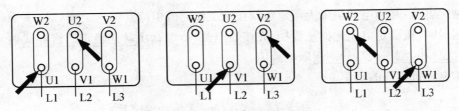

图 1 - 56　△接法的相电压测量

（2）用钳形电流表测量电动机的电流（图1-57）

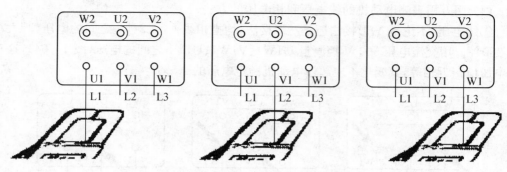

图1-57　电动机电流的测量

①启动电流的测量

启动电流：是指电动机启动瞬间，转子由静止状态到开始旋转的瞬间电流，其大小为额定电流的4～7倍（或5～7倍）。

测量前，先看铭牌找出其额定电流大小，再按7倍估算其启动电流。例如额定电流为1.5 A时，则启动电流为10.5 A；额定电流为4.7 A时，则启动电流为32.9 A，然后根据估算的启动电流选择适当的量程挡。如果无法选择到适当的量程挡使指针处于1/3～2/3范围的，可在钳口内穿绕适当的匝数进行扩流解决，具体见《钳形电流表（钳表）的具体使用方法》中的有关论述。

把导线钳入钳口内（图1-57，每次一相，测三次），然后接通电源，通电的瞬间指针指示的最大值即为启动电流。

②空载电流的测量

空载电流：是指电动机没有带任何负载正常工作时的电流，通常为其额定电流的30%～60%。

测量时，按60%的额定电流选择量程挡，先接通电源，待电动机转速稳定后将导线钳入钳口内（每次一相，测三次），分别读取电流值。

空载电流过大，可能是定子铁芯绝缘受损、定子与转子气隙过大、定子绕组匝数太少或局部短路等原因引起。如果空载电流过小，可能是定子绕组线径太小或接线有误。

电机正常时的三相电流不平衡≤10%为合格。

$$三相电流不平衡度=\frac{三相电流平均值-任一相电流}{三相电流平均值}\times100\%\leqslant10\%$$

③额定电流的测量

额定电流：是指电动机带上额定负载正常工作时的电流。

测量时，按额定电流选择量程挡，先接通电源，待电动机转速稳定后将导线钳入钳口内（每次一相，测三次），分别读取电流值。

④电动机消耗的功率

$$P=\sqrt{3}U_线\ I_线\ \cos\varphi\quad(\cos\varphi是功率因数)$$

9.5　在考核中经常会提出的问题

1. 万用表、兆欧表和钳表的用途有哪些？

万用表：主要测量电气线路和设备的直流电阻、交直流电压、直流电流，有些万用表还能测交流电流。

兆欧表：主要测量电气线路和设备的对地及相间的绝缘电阻。

钳表：主要测量交流电气线路和设备运行中或启动时的交流电流。

2. 下面仪表刻度盘、量程挡位上的字母、符号的含义是什么？

①Ω：欧姆；kΩ：千欧；MΩ：兆欧。

②DC：直流电；AC：交流电；$\underline{V}$：交直流电压；

　$\underline{V}$、$\underset{\approx}{V}$、DCV：直流电压；$\underline{V}$、$\underset{\approx}{V}$、ACV：交流电压。

③$\underline{A}$、$\underset{\approx}{A}$、DCA：直流电流；$\underline{A}$、$\underset{\approx}{A}$、ACA：交流电流；

　mA：毫安；μA：微安；$\underset{\approx}{A}$：交直流电流。

3. 单位的换算关系

①1 kΩ=1 000 Ω；1 MΩ=1 000 kΩ；

②1 kV=1 000 V；1 V=1 000 mV；

③1 A=1 000 mA；1 mA=1 000 μA。

4. 用万用表测量电阻、直流电压、直流电流、交流电压时，功能转换开关应旋到什么位置？

测电阻时应旋到相应的欧姆挡位置；测直流电压时应旋到相应的直流电压挡位置；测直流电流时应旋到相应的直流电流挡位置；测交流电压时应旋到相应的交流电压挡位置。

5. 测量电阻时如何正确选择电阻挡的倍率？应从哪一条刻度线读取数值？被测电阻大小如何确定？

测量时，根据被测电阻大小选择相对应的倍率，使指针尽量处于中间（1/2～3/5）的位置，从上面第一条刻度线读取数值。

6. 测量电压、电流时如何正确选择合适量程？应从哪一条刻度线读取数值（确定格数）？每一大格或每一小格的值怎样计算？被测量值大小如何确定？

测量电压、电流时，根据被测量的大小选择大于而又接近被测量的量程挡，使指针处于刻度线的 1/3～2/3 位置，一般读取第二条刻度线的数值（看刻度线两端的单位符号）。确定被测值大小时，看指针所处位置的刻度线前后两个带数字分度（大格）之间的格数（小格）和该两个数字之间差值的绝对值，得出每小格的分度值，从而得出实际的被测量数值。

7. 测量小于交流 10 V 电压时应从哪一条刻度线读取数值？

如果有专用的交流 10 V 刻度线，必须从该刻度线上读取，没有的话可以按一般常用相应刻度线读取。

8. 如何选用兆欧表？

根据被测量对象的额定工作电压选用相应测量电压规格的兆欧表，如 220 V 可选用 250 V、380 V 可选用 500 V 的仪表，其他规格的还有 1 000 V、2 500 V、5 000 V 等规格等级。不能选用高过被测对象额定工作电压太多的仪表对其测量，以防击穿被测对象的绝缘。

9. 用兆欧表测量电气线路、设备的绝缘电阻时,发现指针指零,说明电气线路、设备有什么问题? 这时为什么要立即停止摇动兆欧表的手柄?

这说明电气线路、设备有相对地(外壳)或相间短路故障,如果继续摇手柄会损坏兆欧表。

10. 怎样用兆欧表测量电动机三相绕组对地及相间绝缘电阻? 并判断电动机绝缘性能是否合格?

先拆开电动机接线盒端子板的连接片,将各绕组分开,然后分别测量各绕组的对地(外壳)、绕组之间(相间)的绝缘电阻,应大于 0.5 MΩ(潮湿天气应大于 0.25 MΩ)。

11. 怎样用万用表将电机三相绕组分开,并从测量结果初步判断各绕组是否合格?

拆开电动机接线盒端子板的连接片,将各绕组分开,然后用万用表欧姆挡找出各绕组的两个端子,分别测量其直流电阻,要求各绕组电阻值接近相等,不平衡值不得超过 4%[(最大值-平均值)/平均值×100%≤4%]。

12. 怎样在电动机的接线盒上将三相绕组接成星形接法或三角形接法?

见图 1-58、图 1-59 两图所示的连接方法。

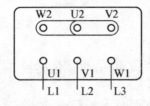

图 1-58　星形接法

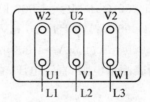

图 1-59　三角形接法

13. 如何辨别电动机三相绕组的同名端? 并接成星形或三角形接法?

拆开电动机接线盒端子板的连接片,分开各绕组。其中一个绕组用一节电池碰触,用万用表的最小电压或电流挡测另两个绕组的电压或电流,在电池接触或断开的瞬间,看指针的方向变化,表笔颜色相同、方向变化相同的一端为同名端(注意:整个过程中电池的极性不能改变)。最后一个绕组所接表笔不变,电池改碰触已知同名端绕组,电压或电流变化方向与前面的变化一样,则原绕组电池极性与已知同名端绕组的电池极性一致的则为同名端。

分出同名端后,三个同名端连接在一起的接法为星形连接,三个绕组异名端串接在一起的接法为三角形连接。

14. 什么叫线电压? 什么叫相电压? 什么叫线电流? 什么叫相电流?

对线路来说,三条相线(L1、L2、L3)之间的电压称为线电压,一般常见为 380 V(也有 220 V 和 660 V 的)。相线对中性线(或零线)N 之间的电压称为相电压,一般常见为 220 V(也有 110 V 或 127 V)。

对于负载来说,输入负载的每条相线之间的电压称为线电压,每相负载两端的电压称为相电压,流过每条相线的电流称为线电流,流过每相负载的电流称为相电流。

15. 电动机绕组接成 Y 形接法,线电压和相电压的关系是:$U_线 = \sqrt{3}U_相$;

线电流和相电流的关系是:$I_线 = I_相$。

电机绕组接成△形接法,线电压和相电压的关系是:$U_线 = U_相$;

线电流和相电流的关系是:$I_线 = \sqrt{3}I_相$。

16. 电机接成 Y 形接法或△形接法,如何用万用表在电机接线盒上测出它的相电压和线电压? 并判断其工作是否正常?

①对 Y 形接法,线电压(U1、V1、W1 之间的电压)=380 V,相电压(U1U2、V1V2、W1W2 的电压)=220 V;

②对△形接法,线电压(U1、V1、W1 或 U2、V2、W2 之间的电压)=相电压(U1U2、V1V2、W1W2 的电压)=380 V。

三相电压应接近相等,其变化不应超过电动机额定电压的±5%。

17. 什么叫空载电流? 什么叫额定电流? 什么叫启动电流? 启动电流和额定电流的大小关系如何?

电动机不带负载时的电流为空载电流;电动机带额定负载时的电流为额定电流;电动机通电瞬间,转子由静止状态到刚开始旋转的瞬间的电流为启动电流,其大小一般为额定电流的 4~7(或 5~7)倍。

18. 如何用钳形电流表测量电动机的启动电流?

按电动机铭牌上标示的额定电流,以 7 倍额定电流估算出启动电流,以此选择适当的量程挡。如果仪表的最小量程远大于估算启动电流的话,可以在钳口里多绕一至两匝线扩流。具体多少匝,以估算启动电流乘以穿过钳口内导线条数的值不超过所选量程挡数值的 2/3。做好准备后启动电动机,同时读取钳表的数值并记住,如果钳口里多绕了一至两匝线,则读出的数值还要除以钳口内导线条数才是实际启动电流值。

19. 如何用钳形电流表测量电动机的空载电流或负载电流? 怎样从测量结果判断电动机是否正常? 空载电流或负载电流过大或过小的原因是什么?

根据电动机铭牌上标示的额定电流选择相应的量程挡,用钳表钳住正在运行中电动机的一条电源线,此时如果电动机没有带任何负载,仪表显示的是空载电流,一般为额定电流的 30%~60%。如果电动机带有额定负载,仪表显示的是负载电流,一般接近铭牌标示的额定电流,具体多少与负载实际大小有关。电动机正常时三相电流平衡,一般三相电流不平衡≤10%为合格。

空载电流过大,可能是定子铁芯绝缘受损、定子与转子气隙过大、定子绕组匝数太少或局部短路等原因引起。如果空载电流过小,可能是定子绕组线径太小或接线有误。

20. 如何改变电动机转向?

任意对换两条相线接入电动机。

21. 使用万用表测量一个未知大小的量值时,要注意什么?

对于测量一个未知大小量值时,必须将量程挡位置于最大量程位置上,然后根据指针偏转大小逐挡向下调,直到指针偏转在刻度线的 1/3~2/3 范围内才符合测量要求。

22. 使用钳形电流表时要注意什么?

使用钳表时,被测电路电压不能超过钳表的额定电压;根据被测量的大小选择相应的量程挡;不可将多条不同电位导线同时钳入钳口内测量;操作时尽量单手操作,不可一手握导线另一手拿钳表测量;测量过程发现指针偏转至右边尽头位置时,应立即张开钳口退出被测导线,后再更换大一级的量程挡测量,千万不可钳住导线转换量程挡。

23. 用万用表测量 500 mA 以上电流及 1 000 V 以上电压,应如何操作?

测量大于 500 mA 电流时,将红表笔插到 10 A(或 5 A)插孔,将旋钮旋到 500 mA 量程挡,然后进行测量。

测量大于 1 000 V 以上电压时,将红表笔插到 2 500 V 插孔,将旋钮旋到 1 000 V 直流挡或 1 000 V 交流挡位置,然后测量。

要注意的是不同的仪表,可能有不同的测量方法,具体以仪表使用说明书为准。

24. 万用表、钳表使用完后要注意什么?

万用表使用完后要将量程转换开关旋到 OFF 挡位上,没有这个挡位的可旋到交流电压最高挡位上。

钳表使用完后同样将旋钮旋到 OFF 或交流电压最高挡位上。如果钳头占用了测量插孔,不能同时使用两种不同功能,可以将量程挡旋到最大交流电流挡或最大交流电压挡位置上。

常见错误:

1. 检查电动机时不懂得启动电流、空载电流、负载电流是什么,不知道允许范围是多少;
2. 不知道测量电动机的绝缘电阻有哪些,不知道怎样测量,没有验表就操作;
3. 不知道电动机的连接方式,不懂得什么是线电压(电流)、相电压(电流)。

9.6　触电急救

时间:每人考核时间为 8 分钟。

内容:具体见《触电急救》一节内容。

考核的具体方式:

考核时,通常四人一组,两人先示范(一人躺着当伤员,一人施救),另两人旁观。示范的两人考完后退出离场,另换两人进场旁观。原旁观的两人上场作示范考核,这样轮流上场。

考核的主要内容:

1. 遇到有人触电,你怎么办?(触电的解救与伤势检查)

这个问题分两步回答:

(1) 脱离电源。遇到有人触电,首先要想方设法将触电者脱离电源,越快越好,然后就地抢救。

①低压触电脱离电源的方法:离开关或插头近的,立即拉开电源开关或者拔出电源插头;无法拉电源开关或者拔电源插头的,可用具有绝缘性的工具(如绝缘胶柄的钳、干燥木柄的刀斧等)将触电回路上的带电导线分离、错开、逐条切断;没有上面一类的绝缘性工具的,可用干燥的木棍、竹竿,小心地将电线从触电者身上拨(挑)开;也可以脚垫干燥木板、穿绝缘鞋、戴干燥绝缘的手套等各种安全的用具,或者抓住触电者身上干燥的衣裤,千方百计设法将触电者拉离带电物体。

②高压触电脱离电源的方法:首先,立即通知有关部门停电;戴上绝缘手套,穿上绝缘靴,使用相应电压等级的绝缘工具拉开高压电源开关。

但在解救触电者过程中,施救者也要注意保护自己,确保自身安全,随时注意带电物体对自己的伤害,不要救人不成还搭上自己,所以施救者必须掌握触电急救的一些基本知识。

(2) 触电者脱离电源后的处理。触电者脱离电源后应立即检查其受伤情况。首先判断其神志是否清醒,如神志不清醒则应迅速判断其有无呼吸和心跳,同时还应检查其是否有骨折、烧伤、出血等其他伤害,然后根据检查情况按伤情缓急进行现场急救并及时通知医疗部门接替救治。

触电伤者如有大出血,先止血。接着是如无呼吸或心跳,就先做人工呼吸或胸外按压;如果呼吸和心跳都没有,则同时作心肺复苏急救。

考这部分时,主要是口述,不用模拟示范。

2. 现在触电者有心跳无呼吸,你怎么做?(人工呼吸法操作)

这个问题的回答是要一边口述,一边示范操作给考官看。

遇到触电者有心跳,无呼吸,要进行人工呼吸法施救。人工呼吸主要是口对口(鼻)人工呼吸方法:触电者平放仰卧、松衣裤、清口腔、头部后仰鼻孔朝天。深吸一口气,捏紧鼻子口对口吹气 2 秒;口离开,松鼻子,让伤者自行呼气 3 秒。接着,以同样方法作吹气 2 秒,停 3 秒的循环操作,每隔 1~2 分钟检查伤者是否恢复自行呼吸,直到伤者能长时间自行呼吸为止才停止施救。

考这部分时,口述一次就可以了,示范操作要一直做到考官叫停为止。

3. 现在触电者有呼吸无心跳,你怎么做?(胸外按压法操作)

这个问题的回答同样是要一边口述,一边示范操作给考官看。

遇到触电者有呼吸,无心跳,就要进行人工胸外按压方法施救。将触电者仰卧在结实的平面上,松开其衣扣及裤带,清除口腔异物。救护人员在触电者的一侧,一手掌对准其心窝按压点位置,另一手放在手背上垂直向下按压。掌根用力下压 4~5 厘米(婴儿幼童约 2 厘米,10 岁以上儿童约 3 厘米)。以每分钟 100 次左右的均匀速度进行按压,按压放松时间相等。每约 2 分钟以 5~7 秒时间完成对伤员心跳是否复跳进行检查,直到伤员能长时间自主恢复心跳为止方可停止急救。

考这部分时,同样口述一次就可以了,示范操作要一直做到考官叫停为止。

4. 现在触电者既无呼吸又无心跳,你怎么做?(心肺复苏法操作)

这个问题的回答同样是要一边口述,一边示范操作给考官看。

如果触电者呼吸及心跳同时停止,则要采用心肺复苏方法进行抢救:同样首先将触电者平放仰卧、松衣裤、清口腔、头部后仰鼻孔朝天。然后采用人工呼吸和人工胸外挤压交替进行。只有一人救护时吹气 2 次,第二次吹完气后不必等 3 秒,直接按压心脏 30 次,交替反复进行。两人同时进行救护时,一人吹气 2 次,同样第二次吹完气后不必等 3 秒,另一人就直接按压心脏 30 次,交替反复进行,直到触电者呼吸、心跳恢复为止。

同样,考这部分时口述一次就可以了,示范操作要一直做到考官叫停为止。

以上问题在考核中肯定会被问到,要求被考者能够熟知并能动地示范操作。下面是应考者必须会做的。

如何正确触摸颈动脉(图 1-60)及选择按压点(按压位置)?

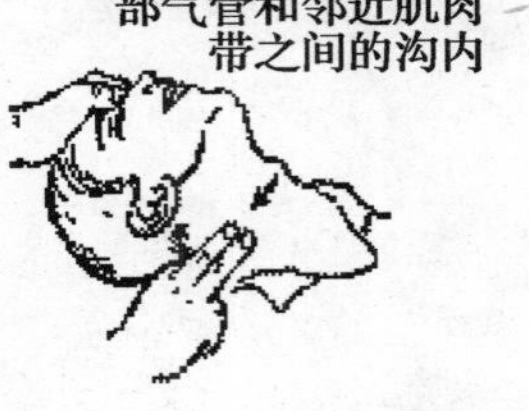

图 1-60 颈动脉按摸点

（1）左手中指正对锁骨凹陷处边缘,当胸一手掌,左掌根就是正确的按压位置(见图1-61)。

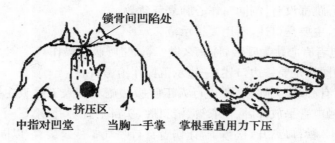

图 1-61　胸外挤压按压点选择之一

（2）在腹部的左(或右)上方摸到最低的一条肋骨,沿该肋骨摸上去,到左右两肋骨交汇处找到胸骨剑突,把手掌放在剑突上方并使手掌边离剑突下沿两手指宽,掌心在胸骨的中心线(图1-62),此时的掌根就是挤压点。

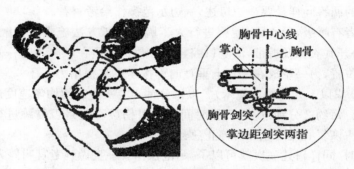

图 1-62　胸外挤压按压点选择之二

常见的错误:

（1）施救时,没有做松开触电者衣扣及裤带、清除口腔异物的动作及口述过程。

（2）操作不熟练。做心跳复苏时,不知道按压的位置、按压深度、按压的频率;做人工呼吸时,没有做清口腔、抬颈捏鼻动作。也不知道吹气的时间以及间隔时间,考官没有叫停就自已停下操作。

（3）提问时,问到"遇到有人触电时怎么办?"不懂得回答"必须先让触电者脱离电源,然后就地抢救"。

第二篇 维修电工基础知识

1 初学者基础知识

1. 三相五线制导线颜色

三相五线制用黄、绿、红、淡蓝色分别表示 U、V、W、N,保护接地线用黄绿色(PE)。

2. 变压器在运行中,各相电流不应超过额定电流;最大不平衡电流不得超过额定电流的 25%。变压器投入运行后应定期进行检修。

同一台变压器供电的系统中,不宜保护接地和保护接零混用。电压互感器二次线圈的额定电压一般为 100 V。电压互感器的二次侧在工作时不得短路。因短路时将产生很大的短路电流,有可能烧坏互感器,为此电压互感器的一次、二次侧都装设熔断器进行保护。电压互感器的二次侧有一端必须接地。这是为了防止一、二次线圈绝缘击穿时,一次高压窜入二次侧,危及人身及设备的安全。

3. 电流互感器在工作时二次侧接近于短路状况。二次线圈的额定电流一般为 5 A,电流互感器的二次侧在工作时决不允许开路,电流互感器的二次侧有一端必须接地,防止其一、二次线圈绝缘击穿时,一次侧高压窜入二次侧。

电流互感器在连接时,要注意其一、二次线圈的极性,我国互感器采用减极性的标号法。安装时一定要注意接线正确可靠,并且二次侧不允许接熔断器或开关。即使因为某种原因要拆除二次侧的仪表或其他装置时,也必须先将二次侧短路,然后再进行拆除。

4. 低压开关是指 1 kV 以下的隔离开关、断路器、熔断器等低压配电装置所控制的负荷,必须分路清楚,严禁一闸多控和混淆。低压配电装置与自备发电机设备的联锁装置应动作可靠。严禁自备发电设备与电网私自并联运行。低压配电装置前后左右操作维护的通道上应铺设绝缘垫,同时严禁在通道上堆放其他物品。

5. 接设备时,先接设备,后接电源。拆设备时,先拆电源,后拆设备。接线路时,先接零线,后接火线。拆线路时,先拆火线,后拆零线。

6. 低压熔断器不能作为电动机的过负荷保护。熔断器的额定电压必须大于等于配电线路的工作电压。熔断器的额定电流必须大于等于熔体的额定电流。熔断器的分断能力必须大于配电线路可能出现的最大短路电流。熔体额定电流的选用,必须满足线路正常工作电流和电动机的启动电流。

对电炉及照明等负载的短路保护,熔体的额定电流等于或稍大于负载的额定电流。对于单台电动机,熔体额定电流 $\geqslant (1.5 \sim 2.5)$ 电机额定电流。熔体额定电流在配电系统中,上、下级应协调配合,以实现选择性保护目的。下一级应比上一级小。

瓷插式熔断器应垂直安装,必须采用合格的熔丝,不得以其他的铜丝等代替熔丝。螺旋式熔断器的电源进线应接在底座的中心接线端子上,接负载的出线应接在螺纹壳的接线端子上。更换熔体时,必须先将用电设备断开,以防止引起电弧。熔断器应装在各相线上。在二相三线或三相四线回路的中性线上严禁装熔断器,熔断器主要用作短路保护。熔断器作隔离目的使用时,必须将熔断器装设在线路首端。熔断器作用是短路保护。隔离电源,安全检修。

7. 刀开关作用是隔离电源,安全检修。胶盖瓷底闸刀开关一般作为电气照明线路、电热回路的控制开关,也可用作分支电路的配电开关。

三极胶盖闸刀开关在适当降低容量时可以用于不频繁启动操作电动机控制开关,三极胶盖闸刀开关电源进线应接在静触头端的进线座上,用电设备接在下面熔丝的出线座上。刀开关在切断状况时,手柄应该向下,接通状况时,手柄应该向上,不能倒装或平装,三极胶盖闸刀开关作用是短路保护,隔离电源,安全检修。低压负荷开关的外壳应可靠接地。选用自动空气开关做总开关时,在这些开关进线侧必须有明显的断开点,明显断开点可采用隔离开关、刀开关或熔断器等。熔断器的主要作用是过载或短路保护。

8. 电容器并联补偿是把电容器直接与被补偿设备并接到同一电路上,以提高功率因数。改善功率因数的措施有多项,其中最方便的方法是并联补偿电容器。

9. 墙壁开关应离地面 1.3 m、墙壁插座 0.3 m、拉线开关应离地面 2～3 m、电度表应离地面 1.4～1.8 m、进户线应离地面 2.7 m。

10. 塑料护套线主要用于户内明配敷设,不得直接埋入抹灰层内暗配敷设。导线穿管一般要求管内导线的总截面积(包括绝缘层)不大于线管内径截面积的 40%。管内导线不得有接头,接头应在接线盒内;不同电源回路、不同电压回路、互为备用的回路、工作照明与应急照明的线路均不得装在同一管内。

管子为钢管(铁管)时,同一交流回路的导线必须穿在同一管内,不允许一根导线穿一根钢管。一根管内所装的导线不得超过 8 根。

管子为钢管(铁管)时,管子必须要可靠接地,管子出线两端必须加塑料保护套。

导线穿管长度超过 30 m(半硬管)其中间应装设分线盒。

导线穿管长度超过 40 m(铁管)其中间应装设分线盒。

导线穿管,有一个弯曲线管长度不超过 20 m,其中间应装设分线盒。

导线穿管,有两个弯曲线管长度不超过 15 m,其中间应装设分线盒。

导线穿管,有三个弯曲线管长度不超过 8 m,其中间应装设分线盒。

11. 在采用多相供电时,同一建筑物的导线绝缘层颜色选择应一致,即保护导线(PE)应为绿/黄双色线,中性线(N)为淡蓝色;相线为 L1—黄色、L2—绿色、L3—红色。单相供电开关线为红色,开关后一般采用白色或黄色。导线的接头位置不应在绝缘子固定处,接头位置距导线固定处应在 0.5 m 以上,以免妨碍扎线及折断。

12. 板用刀开关的选择

(1) 结构形式的选择

根据它在线路中的作用和它在成套配电装置中的安装位置来确定它的结构形式。仅用来隔离电源时,则只需选用不带灭弧罩的产品;如用来分断负载时,就应选用带灭弧罩的,而且是通过杠杆来操作的产品;如中央手柄式刀开关不能切断负荷电流,其他形式的可切断一定的负荷电流,但必须选带灭弧罩的刀开关。此外,还应根据是正面操作还是侧面操作,是直接操作还是杠杆传动,是板前接线还是板后接线来选择结构形式。HD11、HS11 用于磁力站中,不切断带有负载的电路,仅作隔离电流之用。HD12、HS12 用于正面侧方操作前面维修的开关柜中,其中有灭弧装置的刀开关可以切断额定电流以下的负载电路。HD13、HS13 用于正面操作后面维修的开关柜中,其中有灭弧装置的刀开关可以切断额定电流以下的负载电路。HD14 用于动力配电箱中,其中有灭弧装置的刀开关可以带负载操作。

(2) 额定电流的选择

刀开关的额定电流,一般应不小于所关断电路中的各个负载额定电流的总和。若负载是电动机,就必须考虑电路中可能出现的最大短路峰值电流是否在该额定电流等级所对应的电动稳定性峰值电流以下(当发生短路事故时,如果刀开关能通以某一最大短路电流,并不因其所产生的巨大电动力的作用而发生变形、损坏或触刀自动弹出的现象,则这一短路峰值电流就是刀开关的电动稳定性峰值电流)。如有超过,就应当选用额定电流更大一级的刀开关。

13. 变频器维修检测常用方法

在变频器日常维护过程中,经常遇到各种各样的问题,如外围线路问题、参数设定不良或机械故障。如果是变频器出现故障,如何去判断是哪一部分问题,在这里略作介绍。

1) 静态测试

(1) 测试整流电路

找到变频器内部直流电源的 P 端和 N 端,将万用表调到电阻×10 挡,红表笔接到 P,黑表笔依次分别接到 R、S、T,应该有几十欧的阻值,且基本平衡。相反,将黑表笔接到 P 端,红表笔依次接到 R、S、T,有一个接近于无穷大的阻值。将红表笔接到 N 端,重复以上步骤,都应得到相同结果。如果有以下结果,可以判定电路已出现异常:①阻值三相不平衡,可以说明整流桥故障。②红表笔接 P 端时,电阻无穷大,可以断定整流桥故障或起动电阻出现故障。

(2) 测试逆变电路

将红表笔接到 P 端,黑表笔分别接 U、V、W 上,应该有几十欧的阻值,且各相阻值基本相同,反相应该为无穷大。将黑表笔接到 N 端,重复以上步骤应得到相同结果,否则可确定逆变模块故障。

2) 动态测试

在静态测试结果正常以后,才可进行动态测试,即上电试机。在上电前后必须注意以下几点:

(1) 上电之前,须确认输入电压是否有误,将 380 V 电源接入 220 V 级变频器之中会出现炸机(炸电容、压敏电阻、模块等)。

(2) 检查变频器各接插口是否已正确连接,连接是否有松动,连接异常有时可能导致变频器出现故障,严重时会出现炸机等情况。

(3) 上电后检测故障显示内容,并初步断定故障及原因。

(4) 如未显示故障,首先检查参数是否有异常,并将参数复归后,进行空载(不接电机)情况下启动变频器,并测试 U、V、W 三相输出电压值。如出现缺相、三相不平衡等情况,则模块或驱动板等有故障。

（5）在输出电压正常（无缺相、三相平衡）的情况下，带载测试。测试时，最好是满负载测试。

3）故障判断

（1）整流模块损坏

一般是由于电网电压或内部短路引起。在排除内部短路情况下，更换整流桥。在现场处理故障时，应重点检查用户电网情况，如电网电压、有无电焊机等对电网有污染的设备等。

（2）逆变模块损坏

一般是由于电机或电缆损坏及驱动电路故障引起。在修复驱动电路之后，测驱动波形良好的状态下，更换模块。在现场服务中更换驱动板之后，还必须注意检查马达及连接电缆。在确定无任何故障下，运行变频器。

（3）上电无显示

一般是由于开关电源损坏或软充电电路损坏使直流电路无直流电引起，如启动电阻损坏，也有可能是面板损坏。

（4）上电后显示过电压或欠电压

一般由于输入缺相，电路老化及电路板受潮引起。找出其电压检测电路及检测点，更换损坏的器件。

（5）上电后显示过电流或接地短路

一般是由于电流检测电路损坏，如霍尔元件、运放等。

（6）启动显示过电流

一般是由于驱动电路或逆变模块损坏引起。

（7）空载输出电压正常，带载后显示过载或过电流

一般是由于参数设置不当或驱动电路老化，模块损伤引起。

2　FX 系列 PLC 原理及编程应用

2.1　概述

可编程控制器（Programmable Logic Controlle，简称 PLC）是在传统的顺序控制器的基础上引入了微电子技术、计算机技术、自动控制技术和通信技术而形成的一代新型工业控制装置，目的是用来取代继电器、执行逻辑、记时、计数等顺序控制功能，建立柔性的程控系统。可编程控制器具有能力强、可靠性高、配置灵活、编程简单等优点，是当代工业生产自动化的主要手段和重要的自动化控制设备。

2.1.1　可编程控制器的产生

在可编程序控制器问世以前，工业控制领域中是以继电控制器占主导地位的。这种由继电器构成的控制系统有着明显的缺点：体积大、耗电多、可靠性差、寿命短、运行速度不高，尤其是对生产工艺多变的系统适应性更差，一旦生产任务和工艺发生变化，就必须重新设计，并改变硬件结构，这造成了时间和资金的严重浪费。

20 世纪 60 年代末期，为了使汽车改型或改变工艺流程时不改动原有继电器柜内的

接线,以便降低生产成本、缩短新产品的开发周期,以满足生产的需求,美国通用汽车公司(GM 公司)1968 年提出了研制新型控制装置的十项指标,其主要内容如下:

(1) 编程简单,可在现场修改和调试程序;

(2) 价格便宜,性价比高于继电器控制系统;

(3) 可靠性高于继电器控制系统;

(4) 体积小于有继电器控制柜的体积,能耗少;

(5) 能与计算机系统数据通信;

(6) 输入量是交流 115 V 电压信号(美国电网电压是 110 V);

(7) 输出量是交流 115 V 电压信号,输出电流在 2 A 以上,能直接驱动电磁阀等;

(8) 具有灵活的扩展能力;

(9) 硬件维护方便,采用插入式模块结构;

(10) 用户存储器容量至少在 4 kB 以上(根据当时的汽车装配过程的要求提出)。

从上述十项指标可以看出,它实际上就是当今可编程序控制器最基本的功能,具备了可编程序控制器的特点。

1969 年,美国数字设备公司(DEG)根据上述要求研制出第一台可编程序控制器,型号为 PDP-14,并在 GM 公司的汽车生产线上试用成功,于是第一台可编程序控制器诞生了。

由于 PLC 在不断发展,因此,对它进行确切的定义是比较困难的。美国电气制造商协会(NEMA)经过四年的调查工作,1980 年正式将可编程序控制器命名为 PC(Programmable Controller),但为了与个人计算机 PC (Personal Computer)相区别,常将可编程序控制器简称为 PLC,并给 PLC 作了定义:可编程序控制器是一种带有指令存储器、数字的或模拟的输入/输出接口,以位运算为主,能完成逻辑、顺序、定时、计数和运算等功能,用于控制机器或生产过程的自动化控制装置。

1982 年,国际电工委员会(International Electrical Committee,IEC)颁布了 PLC 标准草案第一稿,1985 年提交了第 2 稿,并在 1987 年的第 3 稿中对 PLC 作了如下的定义:PLC 是一种数字运算的电子系统,专为工业环境下应用而设计。它采用可编制程序的存储器,用来在其内部存储执行逻辑运算、顺序运算、定时、计数和算术运算等操作的指令,并能通过数字式或模拟式的输入和输出,控制各种类型的机械或生产过程。可编程序控制器及其有关的外围设备,都应按照易于与工业控制系统形成一个整体、易于扩展其功能的原则而设计。

上述的定义表明,PLC 是一种能直接应用于工业环境的数字电子装置,是以微处理器为基础,结合计算机技术、自动控制技术和通信技术,用面向控制过程、面向用户的"自然语言"编程的一种简单易懂、操作方便、可靠性高的新一代通用工业控制装置。

2.1.2　PLC 的结构与特点

1) PLC 的结构

可编程控制器主要由中央处理单元(CPU)、输入/输出单元(I/O 单元)、编程器、电源等部件组成,如图 2-1 所示。

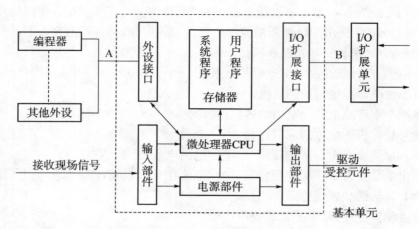

图 2‑1 PLC 内部基本结构图

（1）中央处理器（CPU）

CPU 是可编程控制器的核心，它根据系统程序赋予的功能指挥可编程控制器有条不紊地进行工作，其主要任务如下：

①接收、存储用户程序和数据，并通过显示器显示出程序的内容和存储地址。

②检查、校验用户程序。对输入的用户程序进行检查，发现语法错误立即报警，并停止输入；在程序运行过程中若发现错误，则立即报警或停止程序的执行。

③接收、调用现场信息。将接收到现场输入的数据保存起来，在需要数据的时候将其调出并送到需要该数据的地方。

④执行用户程序。PLC 进入运行状态后，CPU 根据用户程序存放的先后顺序，逐条读取、解释并执行程序，完成用户程序中规定的各种操作，并将程序执行的结果送至输出端口，以驱动可编程控制器的外部负载。

⑤故障诊断。诊断电源、可编程控制器内部电路的故障，根据故障或错误的类型，通过显示器显示出相应的信息，以提示用户及时排除故障或纠正错误。

（2）输入/输出（I/O）接口

PLC 内部输入电路的作用是将 PLC 外部电路（如行程开关、按钮、传感器等）提供的符合 PLC 输入电路要求的电压信号，通过光电耦合电路送至 PLC 内部电路。输入电路通常以光电隔离和阻容滤波的方式提高抗干扰能力，输入响应时间一般在 0.1～15 ms 之间。根据输入信号形式的不同，可分为模拟量 I/O 单元、数字量 I/O 单元两大类。根据输入单元形式的不同，可分为基本 I/O 单元、外部设备接口及扩展 I/O 单元三大类。

①基本 I/O 单元

输入接口：用于接收输入设备（如：按钮、行程开关、传感器等）的控制信号。为直流汇点式输入，图中的 PLC 为直流汇点式输入，即所有输入点共用一个公共端 COM，同时 COM 端内带有 DC 24 V 电源，如图 2‑2、图 2‑3 所示。

输出接口：用于将经主机处理过的结果通过输出电路去驱动输出设备（如：接触器、电磁阀、指示灯等，如图 2‑4 所示。

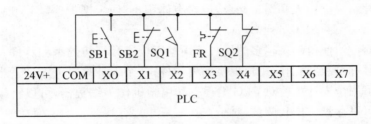

图 2－2 外部接线图

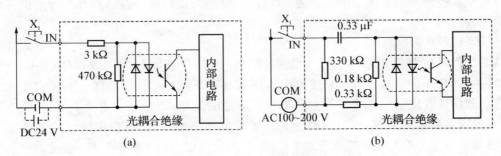

图 2－3 输入内部原理图

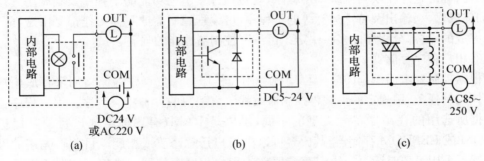

图 2－4 PLC 内部输出原理图

②外部设备接口

此接口可将编程器、打印机、条形码扫描仪等外部设备与主机相连。

③I/O扩展接口

可编程控制器利用 I/O 扩展接口使 I/O 扩展单元与 PLC 的基本单元实现连接,当基本 I/O 单元的输入或输出点数不够使用时,可以用 I/O 扩展单元来扩充开关量 I/O 点数和增加模拟量的 I/O 端子。根据系统的实际需要还可以和各类特殊功能模块,如高速计数器、定位功能模块等连接。

(3) 编程器

编程器是 PLC 的重要外围设备。利用编程器将用户程序送入 PLC 的存储器,还可以用编程器检查程序,修改程序,监视 PLC 的工作状态。

常见的给 PLC 编程的装置有手持式编程器和计算机编程方式。在可编程序控制器发展的初期,使用专用编程器来编程。小型可编程序控制器使用价格较便宜、携带方便的手持式编程器,大中型可编程序控制器则使用以小 CRT 作为显示器的便携式编程器。专用编程器只能对某一厂家的某些产品编程,使用范围有限。手持式编程器不能直接输入和编辑梯形图,只能输入和编辑指令,但它有体积小、便于携带、可用于现场调试、价格便宜的优点。

计算机的普及,使得越来越多的用户使用基于个人计算机的编程软件。目前有的可编程序控制器厂商或经销商向用户提供编程软件,在个人计算机上添加适当的硬件接口和软件包,即可用个人计算机对 PLC 编程。利用微机作为编程器,可以直接编制并显示梯形图,程序可以存盘、打印、调试,对于查找故障非常有利。

(4) 储存器

可编程控制器的存储器可以分为系统程序存储器、用户程序存储器及工作数据存储器等三种。

① 系统程序存储器

系统程序存储器用来存放由可编程控制器生产厂家编写的系统程序,并固化在 ROM 内,用户不能直接更改。它使可编程控制器具有基本的智能功能。能够完成可编程控制器设计者规定的各项工作。系统程序质量的好坏,很大程度上决定了 PLC 的性能,其内容主要包括三部分:第一部分为系统管理程序,它主要控制可编程控制器的运行,使整个可编程控制器按部就班地工作;第二部分为用户指令解释程序,通过用户指令解释程序,将可编程控制器的编程语言变为机器语言指令,再由 CPU 执行这些指令;第三部分为标准程序模块与系统调用程序,它包括许多不同功能的子程序及其调用管理程序,如完成输入、输出及特殊运算等的子程序,可编程控制器的具体工作都是由这部分程序来完成的,这部分程序的多少决定了可编程控制器性能的强弱。

② 用户程序存储器

根据控制要求而编制的应用程序称为用户程序。用户程序存储器用来存放用户针对具体控制任务、用规定的可编程控制器编程语言编写的各种用户程序。用户程序存储器根据所选用的存储器单元类型的不同,可以是 RAM(有用锂电池进行掉电保护)、EPROM 或 EEPROM 存储器,其内容可以由用户任意修改或增删。目前较先进的可编程控制器采用可随时读写的快闪存储器作为用户程序存储器。快闪存储器不需后备电池,掉电时数据也不会丢失。

③ 工作数据存储器

工作数据存储器用来存储工作数据,即用户程序中使用的 ON/OFF 状态、数值数据等。

(5) 电源

PLC 的电源在整个系统中起着十分重要的作用。如果没有一个良好的、可靠的电源系统是无法正常工作的,因此 PLC 的制造商对电源的设计和制造也十分重视。一般交流电压波动在+10%(+15%)范围内,可以不采取其他措施而将 PLC 直接连接到交流电网上去。如 FX1S 额定电压 AC100~240V,而电压允许范围在 AC85~264V 之间。允许瞬时停电在 10 ms 以下,能继续工作。

一般小型 PLC 的电源输出分为两部分:一部分供 PLC 内部电路工作;一部分向外提供给现场传感器等的工作电源。因此 PLC 对电源的基本要求如下:

① 能有效地控制、消除电网电源带来的各种干扰;

② 电源发生故障不会导致其他部分产生故障;

③ 允许较宽的电压范围;

④电源本身的功耗低,发热量小;

⑤内部电源与外部电源完全隔离;

⑥有较强的自保护功能。

（6）其他部件

PLC 还可配有盒式磁带机、EPROM 写入器、存储器卡等其他外部设备。

2）PLC 的特点

（1）编程简单,使用方便

梯形图是使用得最多的可编程序控制器的编程语言,其符号与继电器电路原理图相似。有继电器电路基础的电气技术人员只要很短的时间就可以熟悉梯形图语言,并用来编制用户程序,梯形图语言形象直观,易学易懂。

（2）控制灵活

可编程序控制器产品采用模块化形式,配备有品种齐全的各种硬件装置供用户选用,用户能灵活方便地进行系统配置,组成不同功能、不同规模的系统。可编程序控制器用软件功能取代了继电器控制系统中大量的中间继电器、时间继电器、计数器等器件,硬件配置确定后,可以通过修改用户程序,不用改变硬件,方便快速地适应工艺条件的变化,具有很好的柔性。

（3）功能强,性价比高

可编程序控制器内有成千个可供用户使用的编程元件,有很强的逻辑判断、数据处理、PID 调节和数据通信功能,可以实现非常复杂的控制功能。如果元件不够,只要加上需要的扩展单元即可,扩充非常方便。与相同功能的继电器系统相比,具有很高的性能价格比。

（4）开发工作量小,维修方便

可编程序控制器的配线与其他控制系统的配线比较少得多,故可以省下大量的配线,减少大量的安装接线时间,开关柜体积缩小,节省大量的费用。可编程序控制器有较强的带负载能力、可以直接驱动一般的电磁阀和交流接触器。一般可用接线端子连接外部接线。可编程序控制器的故障率很低,且有完善的自诊断和显示功能,便于迅速地排除故障。

（5）可靠性高,抗干扰能力强

可编程序控制器是为现场工作设计的,采取了一系列硬件和软件抗干扰措施,硬件措施如屏蔽、滤波、电源调整与保护、隔离、后备电池等,例如,西门子公司 S7-200 系列 PLC 内部 EEPROM 中,储存用户原程序和预设值在一个较长时间段（190 小时）,所有中间数据可以通过一个超级电容器保持,如果选配电池模块,可以确保停电后中间数据能保存 200 天。软件措施如故障检测、信息保护和恢复、警戒时钟可加强对程序的检测和校验,从而提高了系统抗干扰能力,平均无故障时间达到数万小时以上,可以直接用于有强烈干扰的工业生产现场,可编程序控制器已被广大用户公认为最可靠的工业控制设备之一。

（6）体积小,能耗低

体积小、重量轻、能耗低,是"机电一体化"特有的产品。

2.1.3　PLC 的应用领域

目前,可编程序控制器已经广泛地应用在各个工业部门。随着其性价比的不断提

高,应用范围还在不断扩大,主要有以下几个方面:

（1）逻辑控制

可编程序控制器具有"与""或""非"等逻辑运算的能力,可以实现逻辑运算,用触点和电路的串、并联,代替继电器进行组合逻辑控制,定时控制与顺序逻辑控制。数字量逻辑控制可以用于单台设备,也可以用于自动生产线,其应用领域最为普及,包括微电子、家电行业也有广泛的应用。

（2）运动控制

可编程序控制器使用专用的运动控制模块或灵活运用指令,使运动控制与顺序控制功能有机地结合在一起。随着变频器、电动机启动器的普遍使用,可编程序控制器可以与变频器结合,运动控制功能更为强大,并广泛地用于各种机械,如金属切削机床、装配机械、机器人、电梯等场合。

（3）过程控制

可编程序控制器可以接收温度、压力、流量等连续变化的模拟量,通过模拟量 I/O 模块,实现模拟量（Analog）和数字量（Digital）之间的 A/D 转换和 D/A 转换,并对被控模拟量实行闭环 PID（比例—积分—微分）控制。现代的大中型可编程序控制器一般都有 PID 闭环控制功能,此功能已经广泛地应用于工业生产、加热炉、锅炉等设备,以及轻工、化工、机械、冶金、电力、建材等行业。

（4）数据处理

可编程序控制器具有数学运算、数据传送、转换、排序和查表、位操作等功能,可以完成数据的采集、分析和处理。这些数据可以是运算的中间参考值,也可以通过通信功能传送到别的智能装置,或者将它们保存、打印。数据处理一般用于大型控制系统,如无人柔性制造系统,也可以用于过程控制系统,如造纸、冶金、食品工业等中大型控制系统。

（5）构建网络控制

可编程序控制器的通信包括主机与远程 I/O 之间的通信、多台可编程序控制器之间的通信、可编程序控制器和其他智能控制设备（如计算机、变频器）之间的通信。可编程序控制器与其他智能控制设备一起,可以组成"集中管理、分散控制"的分布式控制系统。

2.1.4 可编程控制器的展望

（1）向高集成、高性能、高速、大容量发展

微处理器技术、存储技术的发展十分迅速,功能更强大,价格更便宜,研发的微处理器针对性更强。这为可编程序控制器的发展提供了良好的环境。大型可编程序控制器大多采用多 CPU 结构,不断地向高性能、高速度和大容量方向发展。在模拟量控制方面,除了专门用于模拟量闭环控制的 PID 指令和智能 PID 模块,某些可编程序控制器还具有模糊控制、自适应、参数自整定功能,使调试时间减少,控制精度提高,运行更稳定。

（2）向普及化方向发展

由于微型可编程序控制器的价格便宜,体积小、重量轻、能耗低,很适合于单机自动化,它的外部接线简单,容易实现或组成控制系统等优点,在很多控制领域中得到广泛应用。

（3）向模块、智能化发展

可编程序控制器采用模块化的结构,方便使用和维护。智能 I/O 模块主要有模拟量I/O、高速计数输入、中断输入、机械运动控制、热电偶输入、热电阻输入、条形码阅读器、

多路 BCD 码输入/输出、模糊控制器、PID 回路控制、通信等模块。智能 I/O 模块本身就是一个小的微型计算机系统,有很强的信息处理能力和控制功能,有的模块甚至可以自成系统,单独工作。它们可以完成可编程序控制器的主 CPU 难以兼顾的功能,简化了某些控制领域的系统设计和编程,提高了可编程序控制器的适应性和可靠性。

(4) 向软件化发展

编程软件可以对可编程序控制器控制系统的硬件组态,即设置硬件的结构和参数,例如设置各框架各个插槽上模块的型号、模块的参数、各串行通信接口的参数等。在屏幕上可以直接生成和编辑梯形图、指令表、功能块图和顺序功能图程序,并可以实现不同编程语言的相互转换。可编程序控制器编程软件有调试和监控功能,可以在梯形图中显示触点的通断和线圈的通电情况,查找复杂电路的故障非常方便。历史数据可以存盘或打印,通过网络或 Modem 卡,还可以实现远程编程和传送。

(5) 向通信网络发展

伴随科技的发展,很多工业控制产品都加设了智能控制和通信功能,如变频器、软启动器等。可以和现代的可编程序控制器通信联网,实现更强大的控制功能。通过双绞线、同轴电缆或光纤联网,信息可以传送到几十公里远的地方,通过 Modem 和互联网可以与世界上其他地方的计算机装置通信。相当多的大中型控制系统都采用上位计算机加可编程序控制器的方案,通过串行通信接口或网络通信模块,实现上位计算机与可编程序控制器交换数据信息。组态软件引发的上位计算机编程革命,很容易实现两者的通信,降低了系统集成的难度,节约了大量的设计时间,提高了系统的可靠性。国际上比较著名的组态软件有西门子公司的 WINCC,国内也涌现出了组态王、力控等一批组态软件。

PLC 构成的通信网络如图 2-5 所示。

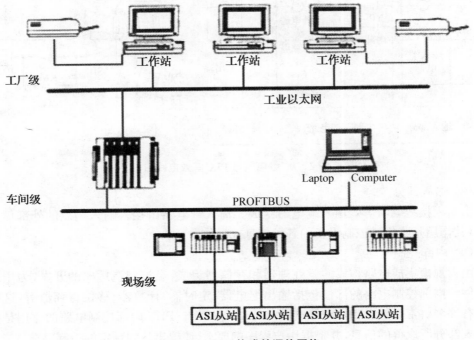

图 2-5 PLC 构成的通信网络

2.1.5 PLC 的工作原理

PLC 是从继电器控制系统发展而来的,它的梯形图程序与继电器系统电路图相似,梯形图中的某些编程元件也沿用了继电器这一名称,例如输入继电器、输出继电器等。

这种用计算机程序实现的"软继电器",与继电器系统中的物理继电器在功能上有某些相似之处。由于以上原因,在介绍 PLC 的工作原理之前,首先简要介绍物理继电器的结构和工作原理。

1)继电器电路原理

PLC 可看成是由普通继电器、定时器、计数器等组合而成的电气控制系统。注意,PLC 内部的继电器实际上是指存储器中的存储单元,称为软继电器。当输入到存储单元的逻辑状态为 1 时,则表示相应继电器的线圈通电,其常开触点闭合,常闭触点断开;而当输入到存储单元的逻辑状态为 0 时,则表示相应继电器的线圈断电,其常开触点断开,常闭触点闭合。所以这些软继电器体积小、功耗低、无触点、速度快、寿命长,并且具有无限多的常开、常闭触点供程序使用。其符号如图 2-6 所示。

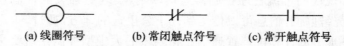

(a) 线圈符号　　　　　(b) 常闭触点符号　　　　　(c) 常开触点符号

图 2-6　继电器的线圈及触头符号

(1) 工作原理

以直接起动控制电路为例,采用 PLC 控制,其外部接线及内部等效电路如图 2-7 所示。可将 PLC 分成三部分:输入部分、内部控制电路和输出部分(图 2-7)。

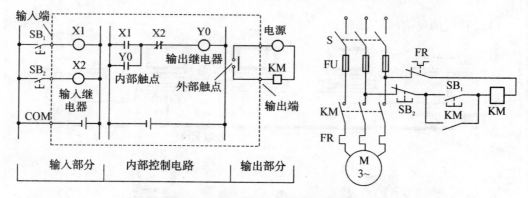

图 2-7　继电器与 PLC 等效电路图

(2) 输入部分

由输入接线端与等效输入继电器组成。输入继电器由接入输入端点的外部信号来驱动,其作用是收集被控制设备的各种信息或操作命令。

(3) 内部控制电路

由大规模集成电路构成的微处理器和存储器组成,经过制造厂家的开发,为用户提供部件。内部控制电路的部件包括输出继电器、定时器、计数器、移位寄存器等,这些部件也有许多对常开触点和常闭触点供 PLC 内部使用。PLC 内部控制电路的作用是处理由输入部分所取得的信息,并根据用户程序的要求,使输出达到预定的控制要求。

（4）输出部分

作用是驱动被控制的设备按程序的要求动作。对应每一条输出电路,有一个输出继电器,此输出继电器有一个对外常开触点与输出端相连,其余均为供 PLC 内部使用的常开触点和常闭触点。当输出继电器接通时,对外常开触点闭合,外部执行元件可以通电动作。

（5）梯形图

实际上就是用户所编写的应用程序等效于 PLC 内部的接线图。当用编程器将梯形图程序送入 PLC 内,PLC 就可以按照预先制订的方案工作。

（6）电路工作过程

当启动按钮 SB1 闭合,输入继电器 X1 接通,其常开触点 X1 闭合,输出继电器 Y0 接通,Y0 的常开触点闭合自锁,同时外部常开触点闭合,使接触器线圈 KM 通电,电动机连续运行。停机时按停机按钮 SB2,输入继电器 X2 接通,其常闭触点断开,线圈 Y0 断开,电动机停止运行。这里要注意,因与停机按钮相连的输入继电器 X2 采用的是常闭触点,所以停机按钮必须采用常开触点,这与继电接触器控制电路不同。

2）执行程序工作原理

（1）基本工作模式:PLC 有运行模式和停止模式。

运行模式:分为内部处理、通信操作、输入处理、程序执行、输出处理五个阶段。

停止模式:当处于停止工作模式时,PLC 只进行内部处理和通信服务等内容。

（2）PLC 工作过程:分为内部处理、通信服务、输入处理、程序处理、输出刷新等阶段。工作过程如图 2-8 所示。

内部处理阶段:在此阶段,PLC 检查 CPU 模块的硬件是否正常,复位监视定时器,以及完成一些其他内部工作。

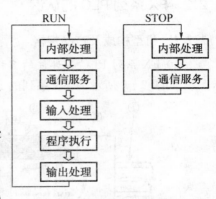

图 2-8 PLC 基本工作模式

通信服务阶段:在此阶段,PLC 与一些智能模块通信、响应编程器键入的命令,更新编程器的显示内容等,当 PLC 处于停状态时,只进行内容处理和通信操作等内容。

输入处理阶段:也叫输入采样阶段。在此阶段顺序读取所有输入端子的通断状态,并将所读取的信息存到输入映像寄存器中。此时,输入映像寄存器被刷新。

程序处理阶段:按先上后下,先左后右的步序,对梯形图程序进行逐句扫描并根据采样到输入映像寄存器中的结果进行逻辑运算,运算结果再存入有关映像寄存器中。但遇到程序跳转指令,则根据跳转条件是否满足来决定程序的跳转地址。

输出刷新阶段:程序处理完毕后,将所有输出映像寄存器中各点的状态,转存到输出锁存器中,再通过输出端驱动外部负载。

在运行模式下,PLC 按上述五个阶段进行周而复始的循环工作,称为循环扫描工作方式。程序运行一个周期的时间为扫描周期。扫描周期是衡量 PLC 性能的一个重要指标。一般小型 PLC 的扫描周期为十几毫秒到几十毫秒。

注:当 PLC 处于 STOP 状态时,只完成内部处理和通信服务工作。当 PLC 处于 RUN 状态时,应完成全部五个阶段的工作。

（3）PLC 工作方式与特点

①工作方式可以分为集中采样、集中输出、循环扫描。

集中采样:对输入状态的扫描只在输入采样阶段进行,即在程序执行阶段或输出阶段,使输入端状态发生变化,输入映像寄存器的内容也不会改变,只有到下一个扫描周期的输入处理阶段才能被读入(响应滞后)。

集中输出:在一个扫描周期内,只有在输出处理阶段才将元件映像寄存器中的状态输出,在其他阶段,输出值一直保存在元件映像寄存器中。

循环扫描:这种工作方式是在系统程序的控制下顺序扫描各输入点的状态,按用户程序进行运算处理,然后顺序向各输出点发出相应的控制信号。

(注:在用户程序中,如果对输出多次赋值,则仅最后一次是有效的,即应避免双线圈输出。)

②特点

集中采样、集中输出的扫描工作方式使 PLC 在工作的大部分时间与外设隔离,从根本上提高了系统的抗干扰能力,增强了系统的可靠性。

2.2 FX 系列 PLC 的认识

2.2.1 机型构成及产品规格

1) FX 系列 PLC 各部件的名称

如图 2-9 所示为 FX 系列的 PLC 部件。

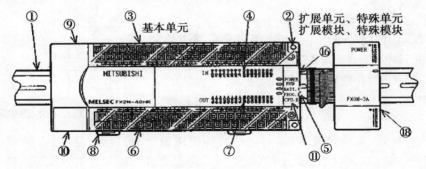

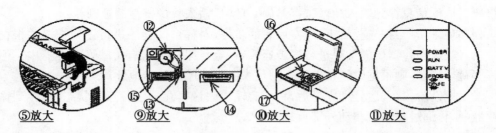

①35 mm 宽 DIN 导轨;②安装孔 4 个(φ4.5)(32 点以下者 2 个);③电源、辅助电源、输入信号用的装卸式端子台(带盖板,FX2N-16M 除外);④输入指示灯;⑤扩展单元、扩展模块、特殊单元、特殊模块、接线插座盖板;⑥输出用的装卸式端子台(带盖板,FX2N-16M 除外);⑦输出动作指示灯;⑧DIN 导轨装卸用卡子;⑨面板盖⑩外围设备接线插座、盖板;⑪动作指示灯:POWER:电源指示;RUN:运行指示灯;BATT.V:电池电压下降指示;PROG-E:出错指示闪烁(程序出错);CPU-E:出错指示灯亮(CPU 出错);⑫锂电池(F₂-40BL,标准装备);⑬锂电池连接插座;⑭另选存储器滤波器安装插座;⑮功能扩展板安装插座;⑯内置 RUN/STOP 开关;⑰编程设备、数据存储单元接线插座;⑱产品型号指示

图 2-9 FX 系列的 PLC 部件

2) 型号名称及其种类

FX 系列是三菱 PLC 产品中的最大家族成员。基本单元（主机）有 FX0、FX0S、FX0N、FX1、FX2、FX2C、FX1S、FX2N、FX2NC 等 9 个系列。每个系列又有 14、16、32、48、64、80、128 点等不同输入输出点数的机型，每个系列还有继电器输出、晶体管输出、晶闸管输出三种输出形式。

FX 系列可编程控制器型号命名的基本格式如图 2-10 所示：

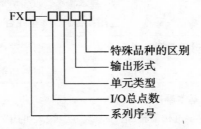

图 2-10　FX 系列 PLC 型号的含义

说明：

系列序号：0,0S,0N,1,2,2C,1S,2N,2NC。

I/O 总点数：10～256。

单元类型：M——基本单元；

　　　　　E——输入输出混合扩展单元与扩展模块；

　　　　　EX——输入专用扩展模块；

　　　　　EY——输出专用扩展模块。

输出形式：R——继电器输出；

　　　　　T——晶体管输出；

　　　　　S——晶闸管输出

特殊品种区别：

　　　　　001——AC100/200V 电源、DC24V 输入（内部供电）

　　　　　D——DC 电源，DC 输入；

　　　　　A1——AC 电源，AC 输入；

　　　　　H——大电流输出扩展模块（1 A/1 点）

　　　　　V——立式端子排的扩展模块；

　　　　　C——接插口输入输出方式；

　　　　　L——TTL 输入型扩展模块；

　　　　　F——输入滤波器 1 ms 的扩展模块；

　　　　　S——独立端子（无公共端）扩展模块。

例如，FX2N-48MR-001 含义是：FX2N 系列，输入输出总点数为 48 点，继电器输出、AC100/200V 电源、DC24V 输入（内部供电）。

2.2.2　FX 系列 PLC 的基本性能指标规格

FX 系列 PLC 的一般技术指标包括基本性能指标、输入技术指标及输出技术指标分别如表 2-1、表 2-2、表 2-3、表 2-4 所示。

表 2-1　FX 系列 PLC 的基本性能指标

项目	规格	备注
操作控制方式	反复扫描程序	
I/O 控制方法	批次处理方式 （当执行 END 指令时）	I/O 指令可以刷新
操作处理时间	基本指令:0.08 μs/指令 应用指令:1.52 至几百 μs/指令	
编程语言	逻辑梯形图和指令清单	使用步进梯形图能生成 SFC 类型程序
程序容量	8 000 步内置	使用附加寄存器盒可扩展到 16 000 步
指令数目	基本顺序指令:27 步进梯形指令:2 应用指令:128	最大可用 298 条应用指令
I/O 配置	最大硬件/I/O 配置点 256,依赖于用户的选择（最大软件可设定地址输入 256、输出 256）	

表 2-2　FX 系列 PLC 的输入技术指标

输入电压	DC24V±10%	
元件号	X0～X7	其他输入点
输入信号电压	DC24V±10%	
输入信号电流	DC24V,7 mA	DC24V,5 mA
输入开关电流 OFF→ON	>4.5 mA	>3.5 mA
输入开关电流 ON→OFF	<1.5 mA	
输入响应时间	10 ms	
可调节输入响应时间	X0～X7 为 0～60 mA(FX2N),其他系列 0～15 mA	
输入信号形式	无电压触点,或 NPN 集电极开路输出晶体管	
输入状态显示	输入 ON 时 LED 灯亮	

表 2-3　FX 系列 PLC 的输出技术指标

项目		继电器输出	晶闸管输出(仅 FX2N)	晶体管输出
外部电源		最大 AC240V 或 DC30V	AC85V～242V	DC5～30V
最大负载	电阻负载	2 A/1 点,8 A/COM	0.3 A/1 点,0.8 A/COM	0.5 A/1 点,0.8 A/COM
	感性负载	80VA,120/240VAC	36VA/AC 240 V	12 W/24 V DC
	灯负载	100 W	30 W	0.9 W/DC 240 V(FX1S),其他系列 1.5 W/DC 24 V

续表 2-3

项目		继电器输出	晶闸管输出(仅 FX2N)	晶体管输出
最小负载 (FX2N)		电压<5 V DC 时 2 mA； 电压<24 V DC 时 5 mA	2.3VA/240 V AC	……
响应 时间	OFF→ON	10 ms	1 ms	<0.2 ms；<5 μs(仅 Y0,Y1)
	ON→OFF	10 ms	10 ms	<0.2 ms；<5 μs(仅 Y0,Y1)
开路漏电流		…	2 mA/240 V AC	0.1 mA/30 V DC
电路隔离		继电器隔离	光电晶闸管隔离	光耦合器隔离
输出动作显示		线圈通电时 LED 亮		

表 2-4 FX2N 系列 PLC 的性能规格

辅助继电器 （M 线圈）	一般	500 点	M0~M499
	锁定	2572 点	M500~M3071
	特殊	256 点	M8000~M8255
状态继电器 （S 线圈）	一般	490 点	S0~S499
	锁定	400 点	S500~S899(490 点)
	初始	10 点	S0~S9
	信号报警	100 点	S900~S999
定时器(T)	100 ms	0~3276.7 s 200 点	T0~T199
	10 ms	0~327.67 s 46 点	T200~T245
	1 ms 保持型	0~32.767 s 4 点	T246~T249
	100 ms 保持型	0~3276.7 s 6 点	T250~255
计数器(C)	一般 16 位	0~32767 数 200 点	C0~C199 类型:16 位上计数器
	锁定 16 位	100 点(子系数)	C100 至 C199 类型:16 位上计数器
	一般 32 位	−2147483648~ +2147483647 35 点	C200~C219 类型:32 位上/下计数器
	锁定 32 位	15 点	C220~C234 类型:16 位上/下计数器
高速计数器 (C)	单相		C235~C240,6 点
	单相 C/W 起始 停止输入	−2147483648~ +2147483647 数	C241~C245,5 点
	双相		C246~C250,5 点
	A/B 相		C251~C255,5 点

数据寄存器（D）	一般	200点	D0～D199 类型:32 位元件的 16 位数据存储寄存器对
	锁定	7800点	类型:32 位元件的 16 位数据存储寄存器对
	文件寄存器	7000点	D1000～D7999 通过 14 块 500 程式步的参数设置 类型:16 位数据存储寄存器
	特殊	256点	从 D8000～D8255 类型:16 位数据存储寄存器
	变址	16点	V0～V7 以及 Z0～Z7 类型:16 位数据存储寄存器
指针(P)	用于 CALL	128点	P0～P127
	用于中断	6 输入点中断 3 定时器中断 6 计数器中断	100 * ～150 * 和 16 * * ～18 * * (上升触发 * ＝1,下降触发 * ＝0。 * * ＝时间(单位:ms))
嵌套层次	用于 MC 和 MRC 时 8 点		N0～N7
常数	十进制 K		16 位:－32768～＋32768 32 位:－2147483648～＋2147483647
	十六进制 H		16 位:0000～FFFF(H) 32 位:0000～FFFFFFFF
	浮点		32 位:$\pm 1.175 \times 10^{-38}$,$\pm 3.403 \times 10^{38}$(不能直接输入)

FX2N 可编程控制器的软元件种类和编号,与 FX0、FX0S、FX0N、FX1、FX2 系列可编程控制器不一样,请注意。

2.2.3 FX 系列 PLC 的软元件介绍

PLC 的软元件分为三类:

第一类为 bit 数据:即逻辑量,其值为"0"或"1",它表示触点的通、断;线圈的得电与失电;标志的 ON、OFF 状态等。

第二类为字数据:其数制、位长、形式都有很多形式。为使用方便通常都为 BCD 码的形式。在 F1、F2 系列中,一般为 3 位 BCD,双字节为 6 位 BCD 码。FX2、A 系列中为 4 位 BCD,双字节为 8 位 BCD 码。书写时若为十进制数就冠以 K(例如 K789);若为十六进制数就冠以 H(例如 H789)。数据处理时还可选用八进制、十六进制、ASCII 码的形式。在 FX2 系列内部,常数都是以原码二进制形式存贮的,所有四则运算(＋,－,×,÷)和加 1/减 1 指令等在 PLC 中全部按 BIN 运算。因此,BCD 码数字开关的数据输入 PLC 时,要用 BCD→BIN 转换传送指令。向 BCD 码的七段数码管或其他显示器输出时,要用 BIN→BCD 转换传送指令。但用功能指令如 FNC72(DSW)、FNC74(SEGL)及 FNC75

(ARWS)时,BCD/BIN 的转换由指令自动完成。

由于对控制精度的要求越来越高,新型可编程控制器中开始采用浮点数,它极大地提高了数据运算的精度。

第三类为字与 bit 的混合:即同一个元件有 bit 元件又有字元件。例如 T(定时器)和 C(计数器),它们的触点为 bit,而设定值寄存器和当前值寄存器又为字。另外还有一些元件也属于此类。

PLC 的编程软元件实质上是存储器单元,每个单元都有唯一的地址。为了满足不同的功用,存储器单元作了分区,因此,也就有了不同类型的编程软元件。各种软元件有其不同的功能,有其固定的地址。元件的数量是由监控程序规定的,它的多少就决定了可编程控制器整个系统的规模及数据处理能力。每一种可编程控制器的元件数都是有限的。FX 系列 PLC 部分元件的功能如下。

1）输入/输出继电器(X,Y)

（1）输入继电器(X0～X267)

PLC 的输入端子是从外部开关接收信号的窗口,与输入端子连接的输入继电器(X)是光电隔离的电子继电器,其常开触点和常闭触点的使用次数不限,这些触点在 PLC 内可以自由使用。

（注:输入继电器只能利用其触点,其线圈不能用程序驱动。）

（2）输出继电器(Y0～Y267)

PLC 的输出端子是向外部负载输出信号的窗口。输出继电器的外部输出触点(继电器触点,双向可控硅 SSR,晶体管等输出元件)接到 PLC 的输出端子上。输出继电器的电子常开和常闭触点使用次数不限,其线圈由程序驱动,然而其外部输出触点(输出元件)与内部触点的动作有所不同。

输入/输出继电器的功能如图 2-11 所示。

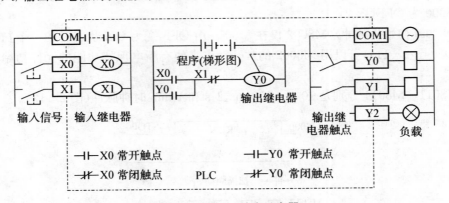

图 2-11　输入/输出继电器

2）辅助继电器(M)

辅助继电器的线圈与输出继电器一样,由程序驱动。辅助继电器的"软"开关常开和常闭触点使用次数不限,在 PLC 内可以自由使用。但是,这些触点不能直接驱动外部负载,外部负载必须由输出继电器驱动。

在逻辑运算中经常需要一些中间继电器作为辅助运算用。这些元件不直接对外输入、输出,经常用作状态暂存、移动运算等,它的数量常比 X、Y 多。另外,在辅助继电器中还有一类特殊辅助继电器，它有各种特殊的功能，如定时时钟、进/借位标志、启动/停止、单步运行、通信状态、出错标志等，这类元件数量的多少，在某种程度上反映了可编程控制器功能的强弱，能对编程提供许多方便。

（1）通用辅助继电器 M0～M499（500 点）

通用辅助继电器有 500 点，其元件号按十进制编号（M0～M499）。注意：除输入/输出继电器 X/Y 外，其他所有的软元件元件号均按十进制编号。

（2）停电保持辅助继电器 M500～M1023（524 点）

PLC 在运行中若发生停电，输出继电器和通用辅助继电器全部成为断开状态。再运行时，除去 PLC 运行时就接通（ON）的以外，其他仍断开。但是，根据不同的控制对象，有的需要保存停电前的状态，并在再运行时再现该状态的情形。停电保持用辅助继电器（又名保持继电器）就是用于这种目的的。停电保持由 PLC 内装的后备电池支持。

下图所示的是具有停电保持功能的辅助继电器的例子。在此电路中，X0 接通后，M600 动作，其后即使 X0 再断开，M600 的状态也能保持。因此，若因停电 X0 断开，再运行时 M600 也能保持动作。但是，X1 的常闭触点若断开，M600 就复位。SET、RST 指令可通过瞬时动作（脉冲）使继电器状态保持。辅助继电器有无穷多个触点，可在 PLC 中自由使用。这些触点不能直接驱动外部负载。外部负载应由输出继电器驱动。

（3）特殊辅助继电器 M8000～M8255（256 点）

特殊辅助继电器共 256 点，它们用来表示可编程控制器的某些状态，提供时钟脉冲和标志（如进位、借位标志），设定可编程序控制器的运行方式，或者用于步进顺控、禁止中断、设定计数器是加计数或是减计数等。

特殊辅助继电器分为触点利用型和线圈驱动型两种。前者由可编程控制器的系统程序来驱动其线圈，在用户程序中可直接使用其触点。

如 M8000（运行监视）：当可编程控制器执行用户程序时，M8000 为 ON；停止执行时，M8000 为 OFF（图 2-12）。

M8002（初始化脉冲）：M8002 仅在 M8000 由 OFF 变为 ON 状态时的一个扫描周期内为 ON（图 2-11），可以用 M8002 的常开触点来使有断电保持功能的元件初始化复位和清零。

M8011～M8014 分别是 10 ms、100 ms、1 s 和 1 min 时钟脉冲（图 2-12）。

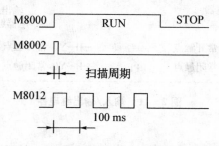

图 2-12 M8000、M8002、M8012 波形图

M8005（锂电池电压降低）：电池电压下降至规定值时变为 ON，可以用它的触点驱动输出继电器和外部指示灯，提醒工作人员更换锂电池。

线圈驱动型由用户程序驱动其线圈，使可编程控制器执行特定的操作，例如 M8030 的线圈"通电"后，"电池电压降低"发光二极管熄灭；M8033 的线圈"通电"时，可编程控制器由 RUN 进入 STOP 状态后,映像寄存器与数据寄存器中的内容保持不变;M8034 的线圈"通电"时,禁止输出;M8039 的线圈"通电"时,可编程序控制器以 D8039 中指定的扫描时间工作。

3) 状态元件(S)

状态是用于编制顺序控制程序的一种编程元件,它与 STL 指令(步进梯形指令)一起使用。

通用状态(S0~S499)没有断电保持功能,但是用程序可以将它们设定为有断电保持功能的状态,其中包括供初始状态用的 S0~S9 和供返回原点用的 S10~S19。S500~S899 有断电保持功能,S900~S999 供报警器用。

不使用步进指令时,可以把它们当做普通辅助继电器(M)使用。供报警器用的状态,可用于外部故障诊断的输出。

4) 报警器

一部分的状态元件可用作外部故障诊断输出。做报警器用的状态元件为:S900~S999(100 点)。

5) 指针(P/I)

(1) 分支用指针(P)

分支指针 P0~P127(共 128 点)用来指示跳转指令(CJ)的跳步目标和子程序调用指令(CALL)调用的子程序的入口地址,执行到子程序中的 SRET(子程序返回)指令时返回去执行主程序。

图 2-13(a)中 X20 的常开触点接通时,执行条件跳步指令 CJ P0,跳转到指定的标号位置,执行标号后的程序。图 2-13(b)中 X10 的常开触点接通时,执行子程序调用指令 CALL P1,跳转到标号 P1 处,执行从 P1 开始的子程序,执行到 SRET 指令时返回主程序中 CALL P1 下面一条指令。

(2) 中断用指针(I)(图 2-13)

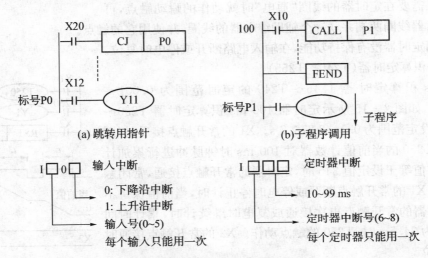

图 2-13 指针(P/I)功能及应用

中断用指针用来指明某一中断源的中断程序入口标号,执行到 IRET(中断返回)指令时返回主程序。图 2-13 给出了输入中断和定时器中断指针编号的意义。计数器用的中断号为 I0□0(□=1~6)。输入中断用来接收特定的输入地址号的输入信号,立即执行相应的中断服务程序,这一过程不受可编程控制器扫描工作方式的影响,因此使可编程控制器能迅速响应特定的外部输入信号。

定时器中断使可编程控制器以指定的周期定时执行中断子程序,定时循环处理某些任务,处理的时间不受可编程控制器扫描周期的限制。

计数器中断用于可编程控制器内置的高速计数器,根据高速计数器的计数当前值与计数设定值的关系来确定是否执行相应的中断服务子程序。

6) 定时器(T)(字、bit)

可编程控制器中的定时器相当于继电器系统中的时间继电器。它有一个设定值寄存器(一个字长)、一个当前值寄存器(一个字长)和一个用来储存其输出触点状态的映像寄存器(占二进制的一位)。这 3 个存储单元使用同一个元件号。FX 系列可编程控制器的定时器分为通用定时器和积算定时器。

常数 K 可以作为定时器的设定值,也可以用数据寄存器(D)的内容来设定。例如外部数字开关输入的数据可以存入数据寄存器,作为定时器的设定值。

(1) 通用定时器(T0~T245)

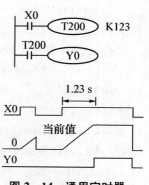

图 2-14 通用定时器

T0~T199 为 100 ms 定时器,定时范围为 0.1~3 276.7 s,其中 T192~T199 为子程序和中断服务程序专用的定时器;T200~T245 为 10 ms 定时器(共 46 点),定时范围为 0.01~327.67 s。图 2-14 中 X0 的常开触点接通时,T200 的当前值计数器从零开始,对 10 ms 时钟脉冲进行累加计数。当前值等于设定值 123 时,定时器的常开触点接通,常闭触点断开,即 T200 的输出触点在其线圈被驱动 1.23 s 后动作。X0 的常开触点断开后,定时器被复位。它的常开触点断开,常闭触点接通,当前值恢复为零。

如果需要在定时器的线圈"通电"时就动作的瞬动触点,可以在定时器线圈两端并联一个辅助继电器的线圈,并使用它的触点。

通用定时器没有保持功能,在输入电路断开或停电时复位。

(2) 积算定时器(T246~T255)

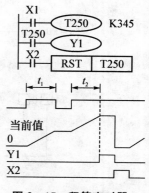

图 2-15 积算定时器

1 ms 积算定时器 T246~T249 的定时范围为 0.001~32.767 s,如图 2-15 所示定时器 100 ms 积算定时器 T250~T255 的设定范围为 0.1~3 276.7 s。X1 的常开触点接通时(图 2-15),T250 的当前值计数器对 100 ms 时钟脉冲进行累加计数。当前值等于设定值 345 时,定时器的常开触点接通,常闭触点断开。X1 的常开触点断开或停电时停止计时,当前值保持不变。定时器的常开触点再次接通或复电时继续计时,累计时间 (t_1+t_2) 为 34.5 s 时,T250 的触点动作。X2 的常开触点接通时 T250 复位。

7) 计数器(C)(字、bit)

(1) 内部计数器

内部计数器用来对 PLC 内部信号 X、Y、M、S 等计数,属低速计数器。内部计数器输入信号接通或断开的持续时间,应大于可编程控制器的扫描周期。

①16 位加计数器

16 位加计数器的设定值为 1~32 767,其中 C0~C99 为通用型,C100~C199 为断电保持型。图 2-16 给出了加计数器的工作过程,图中 X10 的常开触点接通后,C0 被复位,它对应的位存储单元被置 0,它的常开触点断开,常闭触点接通,同时其计数当前值被置为 0。X11 用来提供计数输入信号,当计数器的复位输入电路断开,计数输入电路由断开变为接通(即计数脉冲的上升沿)时,计数器的当前值加 1。在 9 个计数脉冲之后,C0 的当前值等于设定值 9,它对应的位存储单元的内容被置 1,其常开触点接通,常闭触点断开。再来计数脉冲时当前值不变,直到复位输入电路接通,计数器的当前值被置为 0。除了可由常数 K 来设定计数器的设定值外,还可以通过指定数据寄存器来设定,这时设定值等于指定的数据寄存器中的数。

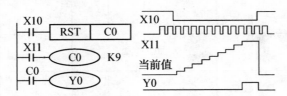

图 2-16　16 位加计数器的工作过程

②32 位加/减计数器

32 位加/减计数器的设定值为 -2147483648~+2147483647,其中 C200~C219(共 20 点)为通用型,C220~C234(共 15 点)为断电保持型。

32 位加/减计数器 C200~C234 的加/减计数方式由特殊辅助继电器 M8200~M8234 设定,对应的特殊辅助继电器为 ON 时,为减计数;反之为加计数。

计数器的设定值除了可由常数 K 设定外,还可以通过指定数据寄存器来设定,32 位设定值存放在元件号相连的两个数据寄存器中。如果指定的是 D0,则设定值存放在 D1 和 D0 中。

32 位加/减计数器的设定值可正可负。图 2-17 中 C200 的设定值为 5,在加计数时,若计数器的当前值由 4 变 5,计数器的输出触点 ON,当前值≥5 时,输出触点仍为 ON。当前值由 5 变 4 时,输出触点 OFF,当前值≤4 时,输出触点仍为 OFF。

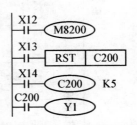

图 2-17　32 位加/减计数器

复位输入 X13 的常开触点接通时,C200 被复位,其常开触点断开,常闭触点接通,当前值被置为 0。如果使用断电保持计数器,在电源中断时,计数器停止计数,并保持计数当前值不变,电源再次接通后在当前值的基础上继续计数,因此断电保持计数器可累计计数。

(2)高速计数器

21 点高速计数器 C235~C255 共用可编程控制器的 8 个高速计数器输入端 X0~X7,某一输入端同时只能供一个高速计数器使用。这 21 点计数器均为 32 位加/减计数器,C235~C240 为一相无启动/复位输入端的高速计数器,C241~C245 为一相带启动/复位端的高速计数器,C246~C250 为一相双计数输入(加/减脉冲输入)高速计数器。

表 2-5 给出了各高速计数器对应的输入端子的元件号,表中 U、D 分别为加、减计数输入。A、B 分别为 A、B 相输入,R 为复位输入,S 为置位输入。

表 2-5 高速计数器简表

中断输入	1相1计数输入							1相2计数输入						2相2计数输入				
	C235	C236	C237	C238	C239	C240	C241	C242	C243	C244	C245	C246	C247	C248	C249	C250	C251	C252	C253	C254	C255
X000	U/D						U/D					U	U		U		A	A		A	
X001		U/D					R					D	D		D		B	B		B	
X002			U/D					U/D			U/D	R	R		R		R	R		R	R
X003				U/D					U/D					U		U			A		A
X004					U/D					U/D				D		D			B		B
X005						U/D				R	R			R		R			R		R
X006										S				S	S			S		S	
X007											S					S					S

70

图 2-18 中的 C244 是一相带启动/复位端的高速计数器。由表 2-5 可知,X1 和 X6 分别为复位输入端和启动输入端。如果 X12 为 ON,并且 X6 也为 ON,立即开始计数,计数输入端为 X0,C244 的设定值由 D0 和 D1 指定。除了用 X1 来立即复位外,也可以在梯形图中用 X11 来复位。利用 M8244,可以设置 C244 为加计数或减计数。

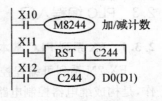

图 2-18 一相高速计数器

C251～C255 为两相(A—B 相型)双计数输入高速计数器,图 2-19(a)中的 X12 为 ON 时,C251 通过中断,对 X0 输入的 A 相信号和 X1 输入的 B 相信号的动作计数。X11 为 ON 时 C251 被复位,当计数值大于等于设定值时 Y2 接通,若计数值小于设定值,Y2 断开。

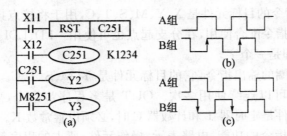

图 2-19 两相高速计数器

A 相输入接通时,若 B 相输入由断开变为接通,为加计数(图 2-19(b));A 相输入接通时,若 B 相由接通变为断开,为减计数(图 2-19(c))。加计数时 M8251 为 OFF,减计数时 M8251 为 ON,通过 M8251 可监视 C251 的加/减计数状态。利用旋转轴上安装的 A—B 相型编码器,在机械正转时自动进行加计数,反转时自动进行减计数。

8) 数据寄存器(D)(字)

数据寄存器(D)在模拟量检测与控制以及位置控制等场合用来储存数据和参数,数据寄存器为 16 位(最高位为符号位)两个合并起来可以存放 32 位数据。

(1) 通用数据寄存器 D0～D199

特殊辅助继电器 M8033 为 OFF 时,通用数据寄存器 D0～D199(共 200 点)无断电保持功能;M8033 为 ON 时,D0～D199 有断电保持功能。

(2) 断电保持数据寄存器 D200～D7999

数据寄存器 D200～D511(共 312 点)有断电保持功能,利用外部设备的参数设定,可改变通用数据寄存器与有断电保持功能的数据寄存器的分配,D490～D509 供通信用。D512～D7999 的断电保持功能不能用软件改变。可用 RST 和 ZRST 指令清除它们的内容。以 500 点为单位,可将 D1000～D7999 设为文件寄存器。

(3) 特殊数据寄存器 D8000～D8255

特殊数据寄存器 D8000～D8255 共 256 点,用来监控可编程控制器的运行状态,如电池电压、扫描时间、正在动作的状态的编号等。

(4) 变址寄存器 V0～V7 和 Z0～Z7

变址寄存器 V0～V7 和 Z0～Z7 的内容用来改变编程元件的元件号,当 V0=8 时,数据寄存器元件号 D5V0 相当于 D13(5+8=13)。在 32 位操作时将 V、Z 合并使用,Z 为低位。

2.3 PLC 编程入门

2.3.1 FX 系列 PLC 基本指令的介绍

FX 2N 系列可编程控制器共有 27 条基本指令。基本指令是以位为单位的逻辑操作，是构成继电器控制电路的基础。

1) 线圈驱动指令 LD、LDI、OUT

LD：取指令。表示一个与输入母线相连的常开接点指令，即常开接点逻辑运算起始。

LDI：取反指令。表示一个与输入母线相连的常闭接点指令，即常闭接点逻辑运算起始。

OUT：线圈驱动指令，也叫输出指令。

LD、LDI 两条指令的目标元件是 X、Y、M、S、T、C，用于将接点接到母线上。也可以与 ANB 指令、ORB 指令配合使用，在分支起点也可使用。LD、LDI 是一个程序步指令，这里的一个程序步即是一个字。

OUT 是驱动线圈的输出指令，它的目标元件是 Y、M、S、T、C。对输入继电器 X 不能使用。OUT 指令可以连续使用多次。OUT 是多程序步指令，要视目标元件而定。OUT 指令的目标元件是定时器 T 和计数器 C 时，必须设置常数 K。

LD、LDI、OUT 指令的功能、电路表示、操作元件、所占的程序等如表 2-6 所示，图 2-20 为 LD、LDI、OUT 指令的使用。

表 2-6　线圈驱动指令 LD、LDI、OUT

符号、名称	功能	电路表示及操作元件	程序步
LD(加载　取)	常开触点逻辑运算起始	X、Y、M、S、T、C	1
LDI(加载　取反)	常闭触点逻辑运算起始	X、Y、M、S、T、C	1
OUT(输出)	线圈驱动	Y、M、S、T、C	Y、M：1；特殊 M：2；T：3；C：3~5

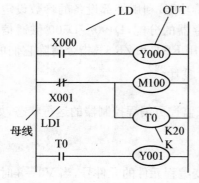

图 2-20　LD、LDI、OUT 指令的使用

2）接点串联指令 AND、ANI

AND：与指令，用于单个常开接点的串联。

ANI：与非指令，用于单个常闭接点的串联。

AND 与 ANI 都是一个程序步指令，它们串联接点的个数没有限制，也就是说这两条指令可以多次重复使用。

AND、ANI 指令的功能、电路表示、操作元件、所占的程序等如表 2－7 所示，图 2－21 为 AND、ANI 指令的使用。

表 2－7　接点串联指令 AND、ANI

符号、名称	功能	电路表示及操作元件	程序步
AND(与)	常开触点串联连接	X、Y、M、S、T、C 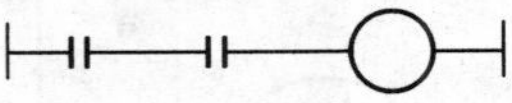	1
ANI(与非)	常闭触点串联连接	X、Y、M、S、T、C 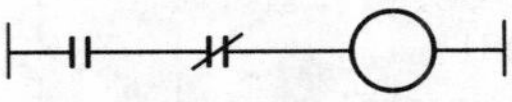	1

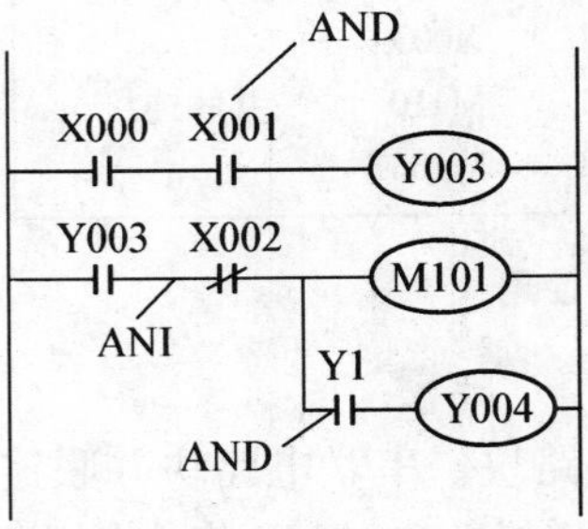

语句步	指令	元素	说明
0	LD	X000	
1	AND	X001	串联触点
2	OUT	Y003	
3	LD	Y003	
4	ANI	X002	串联触点
5	OUT	M101	
6	AND	T1	串联触点
7	OUT	Y004	

图 2－21　AND、ANI 指令的应用

3）接点并联指令 OR、ORI

OR：或指令，用于单个常开接点的并联。

ORI：或非指令，用于单个常闭接点的并联。

OR 与 ORI 指令都是一个程序步指令，它们的目标元件是 X、Y、M、S、T、C。这两条指令都是并联一个接点。需要两个以上接点串联连接电路块的并联连接时，要用 ORB 指令。

OR、ORI 指令的功能、电路表示、操作元件、所占的程序等如表 2－8 所示，图 2－22 为 OR 指令的使用。

表 2-8　接点并联指令 OR、ORI

符号、名称	功能	电路表示及操作元件	程序步
OR(或)	常开触点并联连接	X、Y、M、S、T、C	1
ORI(或非)	常闭触点并联连接	X、Y、M、S、T、C	1

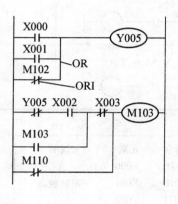

语句步	指令	元素	说明
0	LD	X000	
1	OR	X001	并联连接
2	ORI	M102	
3	OUT	Y005	
4	LDI	Y005	
5	AND	X002	
6	OR	M103	并联连接
7	ANI	X003	
8	ORI	M110	并联连接
9	OUT	M103	

图 2-22　OR、ORI 指令的使用

4) 串联电路块的并联连接指令 ORB

两个或两个以上的接点串联连接的电路叫串联电路块。串联电路块并联连接时,分支开始用 LD、LDI 指令,分支结果用 ORB 指令。ORB 指令与 ANB 指令均为无目标元件指令,而两条无目标元件指令的步长都为一个程序步。ORB 有时也简称或块指令。

ORB 指令的使用方法有两种:一种是在要并联的每个串联电路块后加 ORB 指令;另一种是集中使用 ORB 指令。对于前者分散使用 ORB 指令时,并联电路块的个数没有限制,但对于后者集中使用 ORB 指令时,这种电路块并联的个数不能超过 8 个。

ORB 指令的功能、电路表示、操作元件、所占的程序等如表 2-9 所示,图 2-23 为 ORB 指令的使用。

表 2-9　串联电路块的并联连接指令 ORB

符号、名称	功能	电路表示及操作元件	程序步
ORB(电路块或)	串联电路的并联连接	操作元件:无	1

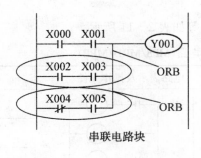

语句步	指令	元素
0	LD	X000
1	AND	X001
2	LD	X002
3	AND	X003
4	LDI	X004
5	AND	X005
6	ORB	
7	ORB	
8	ORB	
9	OUT	Y001

图 2 - 23　ORB 指令的使用

5）并联电路的串联连接指令 ANB

两个或两个以上的接点并联的电路称为并联电路块。分支电路并联电路块与前面电路串联连接时,使用 ANB 指令。分支的起点用 LD、LDI 指令,并联电路快结束后,使用 ANB 指令与前面电路串联。ANB 指令也简称与块指令,ANB 也是无操作目标元件,是一个程序步指令。

ANB 指令的功能、电路表示、操作元件、所占的程序等如表 2 - 10 所示,图 2 - 24 为 ANB 指令的使用。

表 2 - 10　并联电路的串联连接指令 ANB

符号、名称	功能	电路表示及操作元件	程序步
ANB（电路块与） （And Block）	并联电路的串联连接	操作元件:无	1

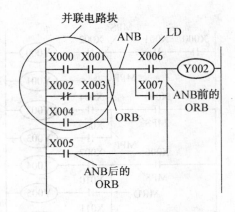

语句步	指令	元素	说明
0	LD	X000	
1	AND	X001	并联连接
2	LDI	X002	
3	AND	X003	
4	ORB		并联块结束
5	OR	X004	
6	LD	X006	分支起点
7	OR	X007	
8	ANB		与前面的电路块串联连接
9	OR	X005	
10	OUT	Y002	

图 2 - 24　ANB 指令的使用

6) 多重输出电路(MPS/MRD/MPP)

MPS、MRD、MPP 指令功能、电路表示等如表2-11所示。

表2-11 多重输出电路(MPS/MRD/MPP)

指令助记符、名称	功能	电路表示及操作元件	程序步
MPS	进栈		1
MRD	读栈		1
MPP	出栈		1

这组指令分别为进栈、读栈、出栈指令,用于多重输出电路。可将连续点先存储,用于连接后面的电路,如图2-25所示。在 FX2 系列可编程序控制器中有 11 个用来存储运算的中间结果的存储区域被称为栈存储器。使用一次 MPS 指令,便将此刻的运算结果送入堆栈的第一层,而将原存在第一层的数据移到堆栈的下一层。使用 MPP 指令,各数据顺次向上一层移动,最上层的数据被读出,同时该数据就从堆栈内消失。

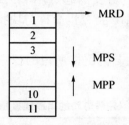

图2-25 堆栈示意图

MRD 指令用来读出最上层的最新数据,此时堆栈内的数据不移动。

MPS、MRD、MPP 指令都是不带软元件的指令。

MPS、MPP 必须成对使用,而且连续使用应少于 11 次。

以下给出了几个堆栈的实例。

[例1] 一层堆栈(图2-26)。

语句步	指令	元素	语句步	指令	元素
0	LD	X000	14	LD	X006
1	AND	X001	15	MPS	
2	MPS		16	AND	X007
3	AND	X002	17	OUT	Y004
4	OUT	Y000	18	MRD	
5	MPP		19	AND	X010
6	OUT	Y001	20	OUT	Y005
7	LD	X003	21	MRD	
8	MPS		22	AND	X011
9	AND	X004	23	OUT	Y006
10	OUT	Y002	24	MPP	
11	MPP		25	AND	X012
12	AND	X005	26	OUT	Y007
13	OUT	Y003			

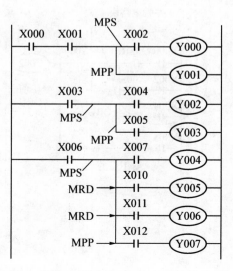

图2-26 一层堆栈

[**例2**] 二层堆栈(图2-27)。

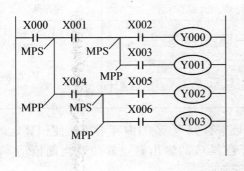

语句步	指令	元素	语句步	指令	元素
0	LD	X000	9	MPP	
1	MPS		10	AND	X004
2	AND	X001	11	MPS	
3	MPS		12	AND	X005
4	AND	X002	13	OUT	Y002
5	OUT	Y000	14	MPP	
6	MPP		15	AND	X006
7	AND	X003	16	OUT	Y003
8	OUT	Y001			

图2-27　二层堆栈

7) 置位与复位指令 SET、RST

SET 为置位指令,使操作保持;RST 为复位指令,使操作保持复位。SET 指令的操作目标元件为 Y、M、S。RST 指令的操作目标元件为 Y、M、S、D、V、Z、T、C。这两条指令是1~3个程序步。用 RST 指令可以对定时器、计数器、数据寄存器、变址寄存器的内容清零。

SET、RST 指令的使用如图2-28所示。图中 X000 接通后,Y000 被驱动为 ON,即使 X000 再成为 OFF,也不能使 Y000 变为 OFF 的状态;X001 接通后,Y000 复位为 OFF,即使 X001 再为 OFF,也不能使 Y000 变为 ON 状态。

语句步	指令	元素	语句步	指令	元素
0	LD	X000	11	LD	X005
1	SET	Y000	12	RST	S0
2	LD	X001	14	LD	X006
3	RST	Y000	15	OUT	D0
4	LD	X002	16		K1
5	SET	M0	17	LD	X007
6	LD	X003	20	RST	D0
7	RST	M0	21	LD	X010
8	LD	X004	23	OUT	T250
9	SET	S0			K10
				LD	X011
				RST	T250

图2-28　SET、RST 指令的使用

对同一元件,如例中 Y000、M0、S0 等,SET、RST 指令可以多次使用,且不限制使用顺序,最后执行者有效。

SET、RST 指令的功能、电路表示、操作元件、所占的程序等如表2-12所示。

表 2－12　置位与复位指令 SET、RST

符号、名称	功能	电路表示及操作元件	程序步
SET（置位）	元件自保持 ON	⊣ ⊢ SET Y、M、S	Y、M：1 S、特殊 M：2
RST（复位）	清除动作保持寄存器清零	⊣ ⊢ SET Y、M、S、T、C、D、V、Z	T、C：2 D、V、Z、特殊 D：3

RST 指令还可以用于使数据寄存器 D、变址寄存器 V、Z 的内容清零。使积算定时器 T246～T255 的当前值以及触点复位。使计数器 C 的输出触点复位及当前值清零。RST 指令对计数器、定时器的应用如图 2－29 所示。

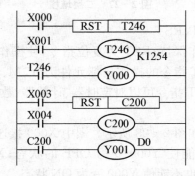

图 2－29　定时器、计数器中的 RST 指令

8）脉冲输出指令 PLS、PLF

PLS 指令在输入信号上升沿产生脉冲输出，PLF 在输入信号下降沿产生脉冲输出，而这两条指令都是 2 程序步，它们的目标元件是 Y 和 M，但特殊辅助继电器不能做目标元件。使用 PLS 指令，元件 Y、M 仅在驱动输入接通后的一个扫描周期内动作。而使用 PLF 指令，元件 Y、M 仅在驱动输入断开后的一个扫描周期内动作。

PLS、PLF 指令的功能、操作元件等如表 2－13 所示。

PLS、PLF 为脉冲输出指令。PLS 在输出信号上升沿（即接通）产生脉冲输出，而 PLF 在输入信号下降沿（即断开）产生脉冲输出。图 2－30 是脉冲输出指令的例子。从时序图可以看出，使用 PLS 指令 Y、M 仅在驱动输入断开后的一个扫描周期内动作（置1）。使用 PLF 指令时，元件 Y、M 仅在驱动输入断开后的一个扫描周期内动作。这就是说，PLS、PLF 指令可将脉宽较宽的输入信号变成脉宽等于可编程序控制器的扫描周期的触发脉冲信号，而信号周期不变。

表 2－13　脉冲输出指令 PLS、PLF

符号、名称	功能	电路表示及操作元件	程序步
PLS	上升沿微分输出	⊣ ⊢ PLS Y、M	2
PLF	下降沿微分输出	⊣ ⊢ PLF Y、M	2

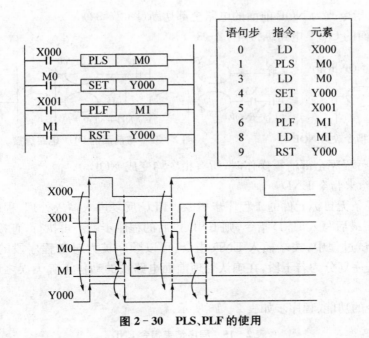

图 2-30 PLS、PLF 的使用

9）空操作指令 NOP

NOP 指令是一条无动作、无目标元件的 1 程序步指令。空操作指令是该步序做空操作。用 NOP 指令替代已写入指令，可以改变电路。在程序中加入 NOP 指令，在改动或追加程序时可以减少步序号的改变。

NOP 指令的功能、程序步如表 2-14 所示。

表 2-14 空操作指令 NOP

符号、名称	功能	电路表示及操作元件	程序步
NOP（空操作）	无动作	─┤ ├─ NOP ─┤ ├─ 无元件	1

空操作指令使该步做空操作。在程序中加入空操作指令，在变更或增加指令时可以减少步序号的变化。NOP 指令替换一些已写入的指令，可以改变电路。若将 LD、LDI、ANB、ORB 等指令换成 NOP 指令，电路组成将发生很大的变化，亦可能使电路出错。

举例如下：

(1) AND、ANI 指令改为 NOP 指令时使相关触点短路（图 2-31）；

(2) ANB 指令改为 NOP 时使前面的电路全部短路（图 2-32）；

(3) OR 指令改为 NOP 时使相关的电路切断（图 2-33）；

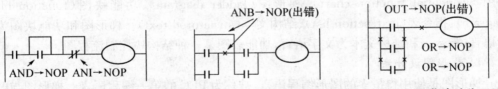

图 2-31　AND、ANI 改为 NOP　　　图 2-32　ANB 指令改为 NOP　　　图 2-33　OR 指令改为 NOP

(4) ORB 指令改为 NOP 前面的电路全部切断(图 2-34);

(5) 与前面的 OUT 电路纵接(图 2-35)。

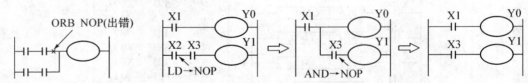

图 2-34 ORB 指令改为 NOP   图 2-35 与前面的 OUT 电路纵接

(注:当执行程序全部清零操作时,所有指令均变成 NOP。)

10) 程序结束指令 END

END 是一条无目标元件的 1 程序步指令。PLC 反复进入输入处理、程序运算、输出处理,若在程序最后写入 END 指令,则 END 以后的程序步就不再执行,直接进行输出处理。在程序调试过程中,按端插入 END 指令,可以顺序扩大对各程序段的检查。采用 END 指令将程序划分为若干段,在确认处理前面电路块的动作正确无误之后,依次删去 END 指令。

END 指令的功能、程序步如表 2-15 所示。

表 2-15 程序结束指令 END

符号、名称	功能	电路表示及操作元件	程序步
END(结束)	输入输出处理回到第"0"步	─┤ END ├─ 无元件	1

END 为程序结束指令。可编程序控制器按照输入处理、程序执行、输出处理循环工作,若在程序中不写入 END 指令,则可编程序控制器从用户程序的第一步扫描到程序存储器的最后一步(8000 步)。若在程序中写入 END 指令,则 END 以后的程序步不再扫描,而是直接进行输出处理。也就是说,使用 END 指令可以缩短扫描周期。END 指令的另一个用处是程序分段调试。调试时,可将程序分段后插入 END 指令,从而依次对各程序段的运算进行检查。而后,在确认前面电路块动作正确无误之后依次删除 END 指令。

2.3.2 PLC 程序设计方法

PLC 是专为工业控制而开发的装置,其主要使用者是工厂广大电气技术人员,为了适应他们的传统习惯和掌握能力,通常 PLC 不采用微机的编程语言,而常常采用面向控制过程、面向问题的"自然语言"编程。国际电工委员会(IEC)1994 年 5 月公布的 IEC1131-3(可编程控制器语言标准)详细地说明了句法、语义和下述 5 种编程语言:功能表图(sequential function chart)、梯形图(ladder diagram)、功能块图(function black diagram)、指令表(instruction list)、结构文本(structured text)。梯形图和功能块图为图形语言,指令表和结构文本为文字语言,功能表图是一种结构块控制流程图。

1) 梯形图设计法

梯形图是使用得最多的图形编程语言,被称为 PLC 的第一编程语言。梯形图与电气控制系统的电路图很相似,具有直观易懂的优点,很容易被工厂电气人员掌握,特别适用于开关量逻辑控制。梯形图常被称为电路或程序,梯形图的设计称为编程。

梯形图编程中,用到以下四个基本概念:

(1)软继电器

PLC梯形图中的某些编程元件沿用了继电器这一名称,如输入继电器、输出继电器、内部辅助继电器等,但是它们不是真实的物理继电器,而是一些存储单元(软继电器),每一软继电器与PLC存储器中映像寄存器的一个存储单元相对应。该存储单元如果为"1"状态,则表示梯形图中对应软继电器的线圈"通电",其常开触点接通,常闭触点断开,称这种状态是该软继电器的"1"或"ON"状态。如果该存储单元为"0"状态,对应软继电器的线圈和触点的状态与上述的相反,称该软继电器为"0"或"OFF"状态。使用中也常将这些"软继电器"称为编程元件。

(2)能流

如图2-36所示触点1、2接通时,有一个假想的"概念电流"或"能流"(power flow)从左向右流动,这一方向与执行用户程序时的逻辑运算的顺序是一致的。能流只能从左向右流动。利用能流这一概念,可以帮助我们更好地理解和分析梯形图。图2-36(a)中可能有两个方向的能流流过触点5(经过触点1、5、4或经过触点3、5、2),这不符合能流只能从左向右流动的原则,因此应改为如图2-36(b)所示的梯形图。

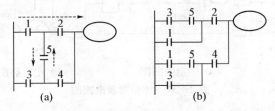

图2-36　(a)错误的梯形图、(b)正确的梯形图

(3)母线

梯形图两侧的垂直公共线称为母线(bus bar)。在分析梯形图的逻辑关系时,为了借用继电器电路图的分析方法,可以想象左右两侧母线(左母线和右母线)之间有一个左正右负的直流电源电压,母线之间有"能流"从左向右流动。右母线可以不画出。

(4)梯形图的逻辑解算

根据梯形图中各触点的状态和逻辑关系,求出与图中各线圈对应的编程元件的状态,称为梯形图的逻辑解算。梯形图中逻辑解算是按从左至右、从上到下的顺序进行的。解算的结果,马上可以被后面的逻辑解算所利用。逻辑解算是根据输入映像寄存器中的值,而不是根据解算瞬时外部输入触点的状态来进行的。

(5)梯形图(Ladder Diagram)

梯形图程序设计语言是用梯形图的图形符号来描述程序的一种程序设计语言。这种程序设计语言采用因果关系来描述事件发生的条件和结果。每个梯级是一个因果关系。在梯级中,描述事件发生的条件表示在左面,事件发生的结果表示在右面。梯形图程序设计语言是最常用的一种程序设计语言。它来源于继电器逻辑控制系统的描述。在工业过程控制领域,电气技术人员对继电器逻辑控制技术较为熟悉,因此,由这种逻辑控制技术发展而来的梯形图受到了欢迎,并得到了广泛的应用。梯形图程序设计语言的特点是:

①与电气操作原理图相对应,具有直观性和对应性;

②与原有继电器逻辑控制技术相一致,对电气技术人员来说,易于掌握和学习;

③与原有的继电器逻辑控制技术的不同点是,梯形图中的能流(power flow)不是实际意义的电流,内部的继电器也不是实际存在的继电器,因此,应用时,需与原有继电器逻辑控制技术的有关概念区别对待;

④与助记符程序设计语言有一一对应关系,便于相互的转换和程序的检查。

【例】利用 PLC 程序对控制电机实现自动正/反转的启动控制。

图 2-37 为电气控制电机的长动控制电路。按下 SB1,电机转动且自保持,松开 SB1 电机仍转动,按下停止按钮 SB2,电机停止。

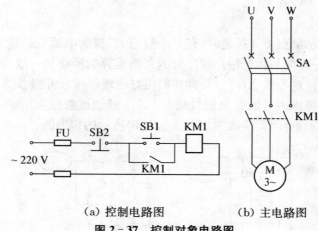

（a）控制电路图 　　　　（b）主电路图

图 2-37　控制对象电路图

转换成 PLC 程序对控制电机实现自动正/反转的启动控制

ⅰ. I/O 分配(表 2-16)

表 2-16　I/O 分配

输入	输出
启动按钮:SB1:X0	控制 KM1:Y0
停止按钮:SB2:X1	

ⅱ. PLC 接线图(图 2-38)

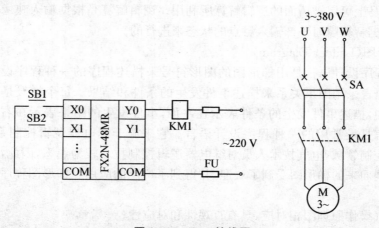

图 2-38　PLC 接线图

ⅲ．PLC 程序设计（图 2-39）

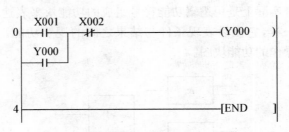

图 2-39 PLC 程序

输入程序，并检验程序正确后，将 PLC 置在"RUN"位置，按下 SB1 或 SB2，观察输出结果正确与否。

2）语句助记符（boolean mnemonic）

语句助记符程序设计语言是用布尔助记符来描述程序的一种程序设计语言。布尔助记符程序设计语言与计算机中的汇编语言非常相似，采用布尔助记符来表示操作功能。布尔助记符程序设计语言具有下列特点：

（1）采用助记符来表示操作功能，具有容易记忆、便于掌握的特点；

（2）在编程器的键盘上采用助记符表示，具有便于操作的特点，可在无计算机的场合进行编程设计；

（3）与梯形图有一一对应关系，其特点与梯形图语言基本类同。

【例】助记符（图 2-40）。

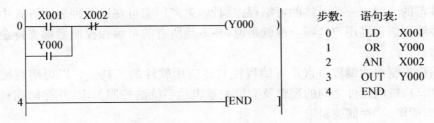

图 2-40 语句助记符

3）顺序功能图

顺序功能图常用来编制顺序控制类程序，它包含步、动作、转换三个要素。顺序功能编程法可将一个复杂的控制过程分解为一些小的顺序控制要求连接组合成整体的控制程序。顺序功能图法体现了一种编程思想，在程序的编制中具有很重要的意义。在介绍步进梯形指令时将详细介绍顺序功能图编程法。图 2-41 所示为顺序功能图。

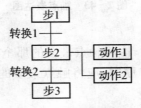

图 2-41 顺序功能图

4）功能块图（function block diagram）

功能图编程语言实际上是用逻辑功能符号组成的功能块来表达命令的图形语言,与数字电路中逻辑图一样,它极易表现条件与结果之间的逻辑功能。图 2‑42 所示为先"或"后"与"再输出操作的功能块图。

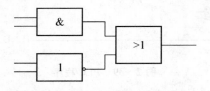

图 2‑42　功能块图编程语言图

由图可见,这种编程方法是根据信息流将各种功能块加以组合,是一种逐步发展起来的新式的编程语言,正在受到各种可编程控制器厂家的重视。

5）结构文本（structure text）

随着可编程控制器的飞速发展,如果许多高级功能还是用梯形图来表示,会很不方便。为了增强可编程控制器的数字运算、数据处理、图表显示、报表打印等功能,方便用户的使用,许多大中型可编程控制器都配备了 PASCAL、BASIC、C 等高级编程语言。这种编程方式叫做结构文本。与梯形图相比,结构文本有两个很大优点:其一,是能实现复杂的数学运算;其二,是非常简洁和紧凑。用结构文本编制极其复杂的数学运算程序只占一页纸。结构文本用来编制逻辑运算程序也很容易。

以上编程语言的五种表达式是由国际电工委员会（IEC）1994 年 5 月在可编程控制器标准中推荐的。对于一款具体的可编程控制器,生产厂家可在这五种表达方式中提供其中的几种编程语言供用户选择。也就是说,并不是所有的可编程控制器都支持全部的五种编程语言。

可编程控制器的编程语言是可编程控制器应用软件的工具。它以可编程控制器输入口、输出口、机内元件之间的逻辑及数量关系表达系统的控制要求,并存储在机内的存储器中,即所谓的"存储逻辑"。

2.3.3　PLC 编程注意事项

（1）触点的安排

梯形图的触点应画在水平线上,不能画在垂直分支上（图 2‑43）。

触点

图 2‑43　触点表达图

（2）串、并联的处理

在有几个串联回路相并联时,应将触点最多的那个串联回路放在梯形图最上面（图 2‑44）。在有几个并联回路相串联时,应将触点最多的并联回路放在梯形图的最左面（图 2‑45）。

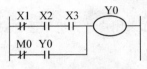

图 2-44 串联块程序

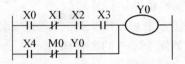

图 2-45 并联块程序

（3）线圈的安排

不能将触点画在线圈右边，只能在触点的右边接线圈（图 2-46）。

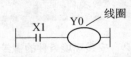

图 2-46 输出线圈表达

（4）不准双线圈输出

如果在同一程序中同一元件的线圈使用两次或多次，则称为双线圈输出。这时前面的输出无效，只有最后一次才有效，所以不应出现双线圈输出（图 2-47）。

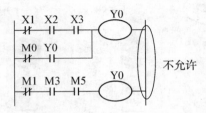

图 2-47 双线圈输出

（5）重新编排电路

如果电路结构比较复杂，可重复使用一些触点画出它的等效电路，然后再进行编程就比较容易。

（6）编程顺序

对复杂的程序可先将程序分成几个简单的程序段，每一段从最左边触点开始，由上至下向右进行编程，再把程序逐段连接起来。

2.3.4 GX Developer 软件安装

（1）打开软件安装文件（图 2-48）。

图 2-48 软件安装文件

(2) 安装软件运行环境软件

当直接点击 GX Developer 运行安装软件时,如果用户计算机不适合安装此软件时,电脑会有如图 2-49 的警告语提示。

图 2-49　安装环境条件的警告窗口

点"确定"后找到所提示的安装程序进行安装,按提示安装即可,找出安装环境软件(图 2-50)。

环境安装软件

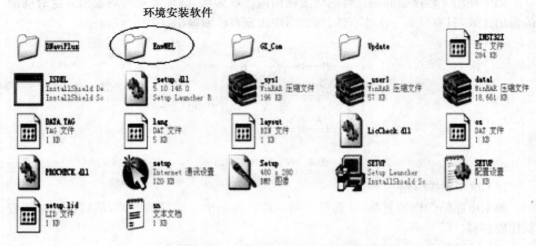

图 2-50　GX Developer 软件运行环境软件文件

(3) 点击"软件安装运行环境软件"(图 2-51)。

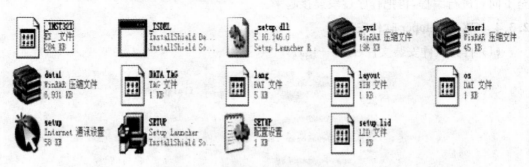

图 2-51　点击"软件安装 SETUP. EXE"

(4) 点击"下一步"(图 2-52)。

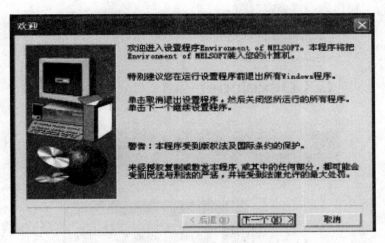

图 2-52　点击"下一步"

(5) 安装结束(图 2-53)。

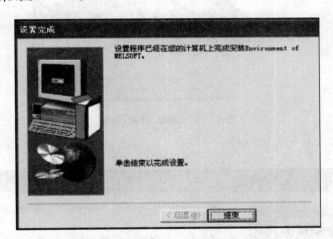

图 2-53　点击"结束"

(6) 打开安装主程序(图 2-54)。

点击"SETUP"安装主程序。

图 2-54　安装主程序

87

（7）运行主程序，点击"确定"（图 2 - 55）。

图 2 - 55　点击"确定"按钮

（8）点击"下一个"（图 2 - 56）。

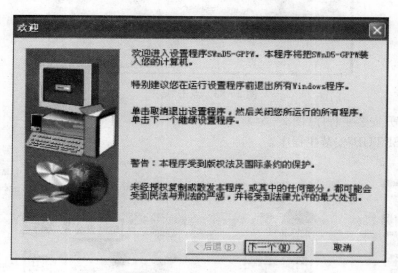

图 2 - 56　点击"下一个"按钮

（9）输入序列号（图 2-57）。

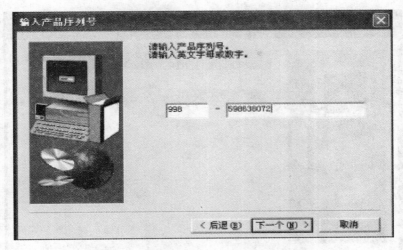

图 2-57 输入序列号，点击"下一个"按钮

（10）点击"下一个"（图 2-58）。

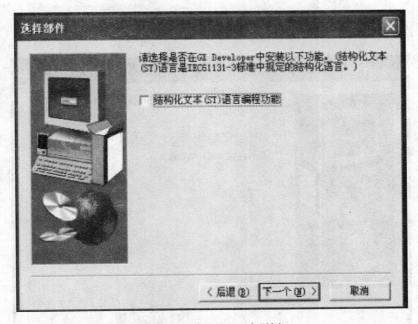

图 2-58 点击"下一个"按钮

（11）点击"下一个"（图 2 - 59）。

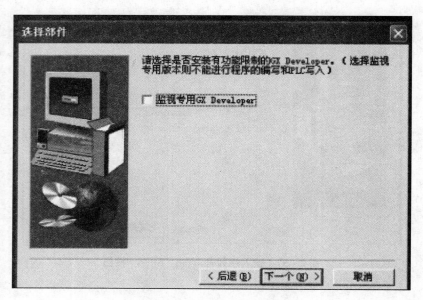

图 2 - 59　点击"下一个"按钮

（12）点击"下一个"（图 2 - 60）。

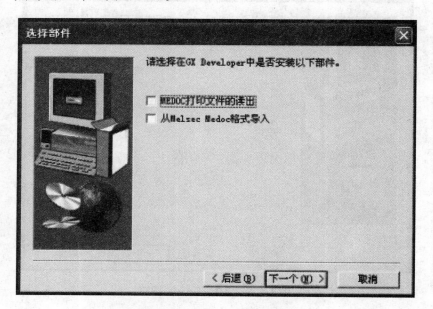

图 2 - 60　点击"下一个"按钮

（13）点击"下一个"（图 2 - 61(a)、(b)）。

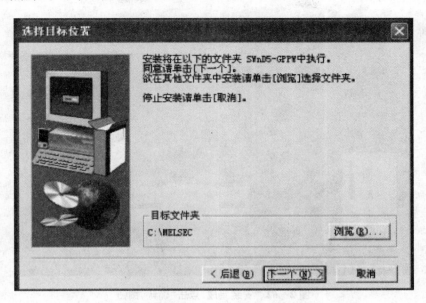

图 2 - 61(a)　点击"下一个"按钮

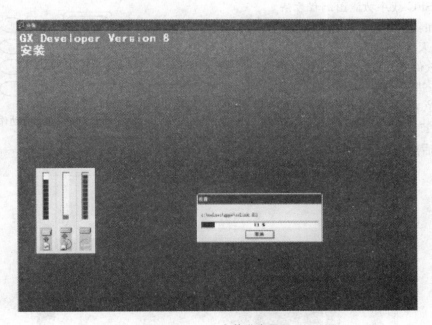

图 2 - 61(b)　安装进度显示

（14）安装完成，点击"确认"（图 2－62）。

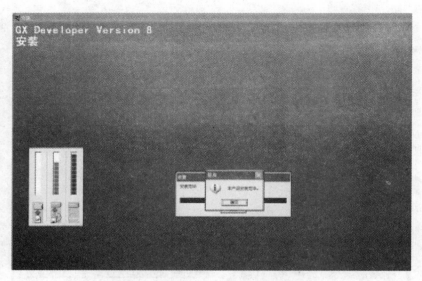

图 2－62　安装完成，点击"确认"按钮

2.3.5　三种编程方法举例

1）SFC 顺序功能图编程方法

例如：项目要求两盏灯实现 Y0 亮 1 s 熄灭，Y1 亮 1.5 s 熄灭循环闪烁电路（图 2－63）。

用软件 GX Developer SFC 块编程实现步骤：

（1）进入 GX Developer 工作界面，创建一个新 SFC 工程。单击主菜单中"创建新工程"，PLC 系列选择 "FXCPU"，PLC 类型选择"FX2N（C）"，程序类型选择 SFC，然后点击"确定"就可以创建一个新 SFC 工程（图 2－64）。

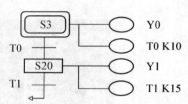

图 2－63　指示灯动作步骤

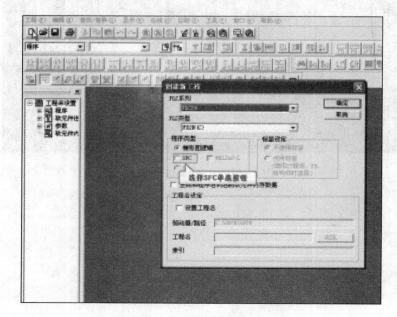

图 2－64　"SFC 类型"程序

（2）双击 No 0 就会弹出"块信息设置"，在"块标题"中输入"初始块"，在"块类型"中，选择梯形图块。然后点击"确定"（图 2－65）。

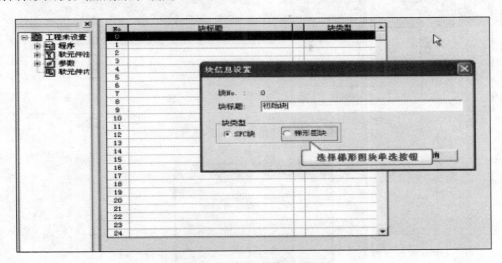

图 2－65 创建梯形图

（3）选定右边的工作界面，点击 F5"常开触点"，输入"m8002"再按"确定"，输入"SET S3"再点击"确定"（图 2－66），然后点击键盘 F4 键进行梯形图变换（图 2－67、图 2－68），最后点击"关闭"按钮（图 2－69）。

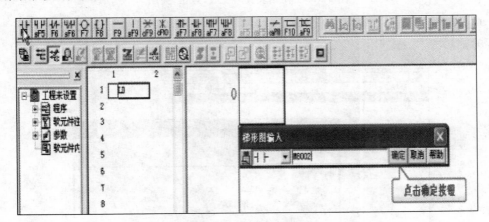

图 2－66 程序初始化加载

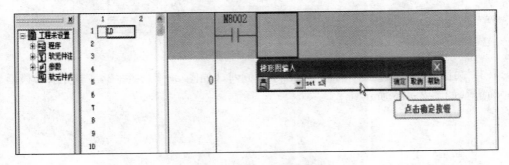

图 2－67 置位初始状态

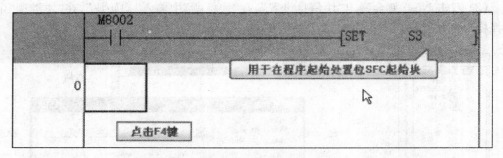

图 2-68 初始状态完成，块转换

图 2-69 初始块程序完成，点击"关闭"

（4）双击 No1 弹出"块信息设置"，在块标题输入"闪烁回路"，然后点击"执行"（图 2-70）。

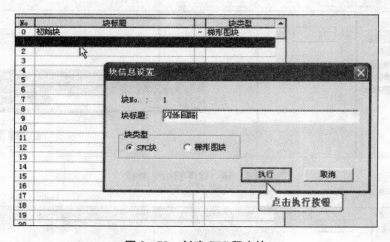

图 2-70 创建 SFC 程序块

（5）选择（单击左边工作面板）第 1 行第 1 列，（如图 2-71～图 2-74 所示），最后点击"确定"，如图 2-75 所示。

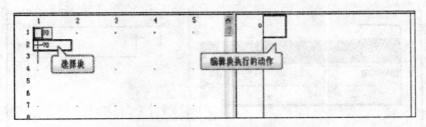

图 2-71　SFC 程序块编辑

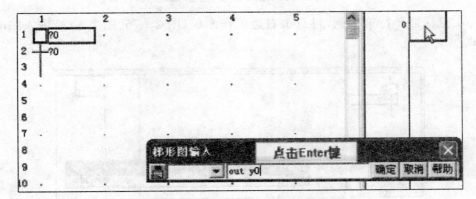

图 2-72　在梯形图上输入"out y0"再按确定

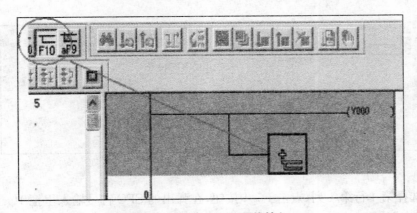

图 2-73　点击 F10 画线输入

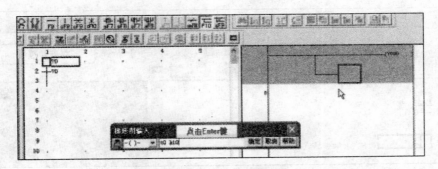

图 2-74　点击 F7 线圈输入"t0 k10"

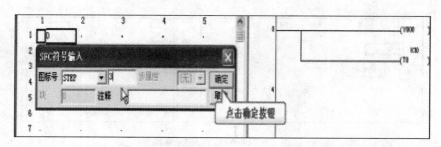

图 2-75　输入"3"步,点击"确定"

（6）选择第 2 行第 1 列,再双击右边工作面板(图 2-76、图 2-77)输入"1d t0""tran"。

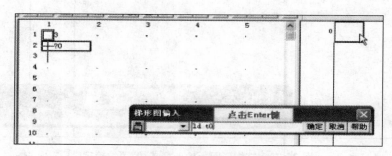

图 2-76　输入"1d t0"

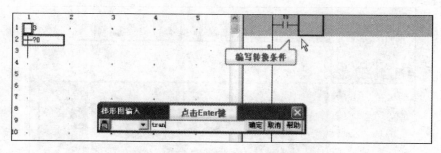

图 2-77　输入"tran"

（7）选择第 4 行第 1 列,点击 F5 步按钮,在弹出的 SFC 符号输入里把 10 改写成 20 步再按"确定"(图 2-78)。

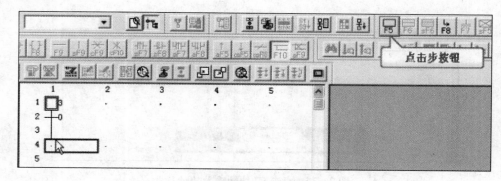

图 2-78　修改步数

（8）选择第 5 行第 1 列，然后点击 F5"转移"然后按"确定"，图 2 - 79 中输入"1"。

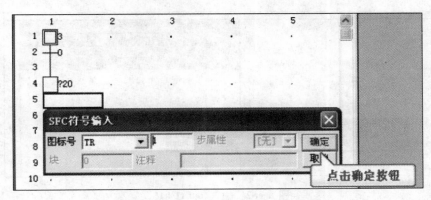

图 2 - 79 输入"1"

（9）选择第 7 行第 1 列，点击 F8"跳"指令，在 SFC 符号输入"3"步，然后点击"确定"（图 2 - 80）。

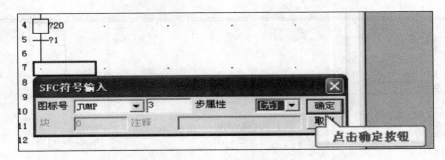

图 2 - 80 JUMP 到"3"步

（10）选择第 4 行第 1 列，然后在右边的工作面板上双击，输入"out y1"点击"确定"（图 2 - 81），然后再输入"out t1 k15"点击"确定"（图 2 - 82），最后点击键盘上 F4 键进行梯形图变换。

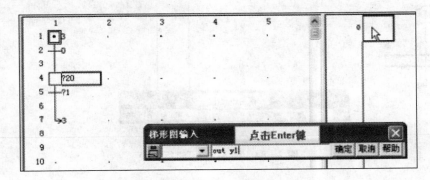

图 2 - 81 输入"out y1"

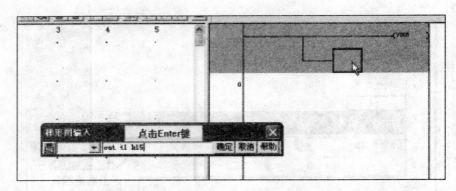

图 2-82　输入"out t1 k15"

（11）选择第 5 行第 1 列，再双击右边工作面板输入"1d t1"点击"确定"（图 2-83），再输入"tran"点击"确定"（图 2-84）。

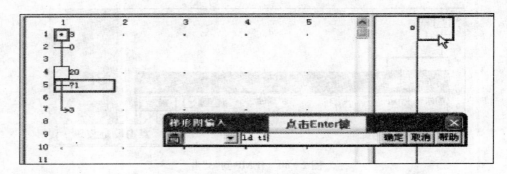

图 2-83　输入"1d t1"

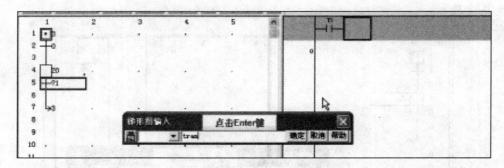

图 2-84　输入"tran"进行转换

（12）编辑完毕,将程序转换、启动仿真,如图 2-85、图 2-86 所示。

图 2-85　将程序转换

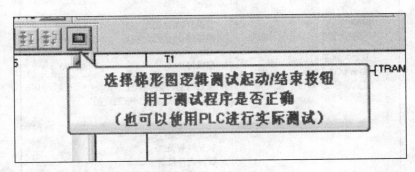

图 2-86　启动仿真

（13）可监视 SFC 的程序运行状态（图 2-87）。

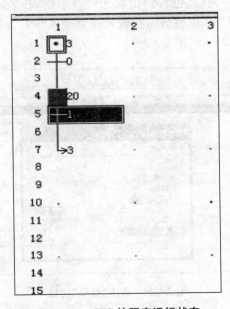

图 2-87　SFC 的程序运行状态

（14）点击"在线"菜单，再点击"监视"，后选择"软元件登录（E）"（图2－88）。

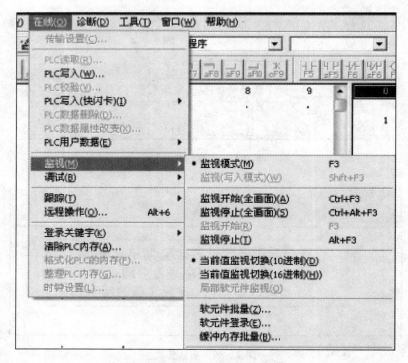

图2－88　启动软元件监视界面

（15）双击选定的第一列（黑色），弹出软元件登录框，在表示形式的数值选择"10进制显示"，在显示框里选择"16位整数"，在软元件框输入"y0""y1"，然后点击"登录"按钮，最后点击"监视开始"（图2－89、图2－90）。

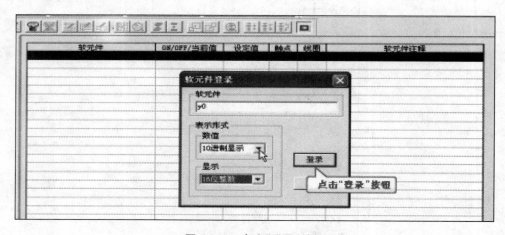

图2－89　点击"登录"按钮

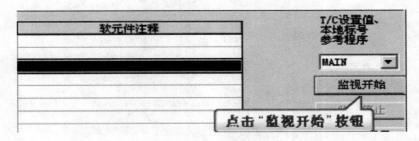

图 2-90　点击"监视开始"

（16）再次点击逻辑测试按钮即可停止监控。

2）梯形图编程方法

梯形图编程方法比较简单，只需在 T 型图下输入以下程序即可（图 2-91）。

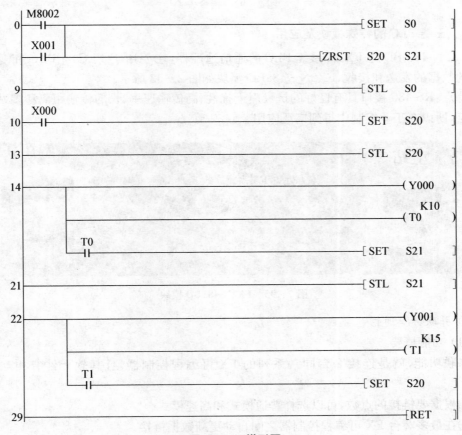

图 2-91　梯形图

3）指令表编程方法

指令表编程方法也比较简单，只需在 T 型图下输入以下指令即可（图 2-92）。

```
0    LD     M8002
1    OR     X001
2    SET    S0
4    ZRST   S20      S21
9    STL    S0
10   LD     X000
11   SET    S20
13   STL    S20
14   OUT    Y000
15   OUT    T0       K10
18   AND    T0
19   SET    S21
21   STL    S21
22   OUT    Y001
23   OUT    T1       K15
26   AND    T1
27   SET    S20
29   RET
30   END
```

图 2‑92   指令表

2.3.6 三菱 PLC 的特殊模块及应用

FX2N-485-BD 为 FX2N 系统 PLC 的通信适配器,主要用于 PLC 与 PLC 和变频器之间的数据的发送和接收,FX2N‑485BD 模块如图 2‑93 所示。

特点:RS-485 接口具有良好的抗噪声干扰性、高传输速率、长的传输距离和多站能力等优点,所以在工业控制中得到广泛应用。

图 2‑93   FX2N-485BD 模块

1) 并联链接通信

(1) 功能概要

并联功能,就是连接 2 台同一系列的 FX 可编程控制器,且其软元件有相互链接功能。

①根据要链接的点数,可以选择普通模式和高速模式。

②在最多 2 台 FX 可编程控制器之间自动更新数据链接。

③总延长距离最大可以达 500 m(仅限于全部由 485ADP 构成的情况,使用 FX2C 可编程控制器以及 485BD 地连接的除外)。

(2) 硬件接线

可分为两种,1 对接线方式和 2 对接线方式。

①1 对接线方式(图 2‑94)。

②2 对接线方式(图 2‑95)。

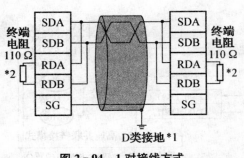

图2-94 1对接线方式

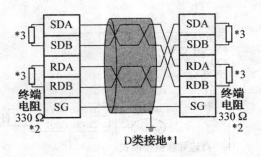

图2-95 2对接线方式

（3）程序的编写

①并联链接设定用的软元件（表2-17）。

表2-17 并联链接设定用的软元件

软元件	名称	内容
M8070	设定为并联链接主站	置ON时，作为主站链接
M8071	设定为并联链接从站	置ON时，作为从站链接
M8178	通道的设定	使用FX3U,FX3UC时设定使用的通信口。 OFF:通道1；ON:通道2
D8070	判断为出错的时间（单位:ms)	设定判断并联链接数据通信出错的时间［初始值: 500］

②链接软元件编号和点数（表2-18）。

表2-18 并联链接系统的构成

模式	普通并联链接模式		高速并联链接模式	
	位软元件(M)	字软元件(D)	位软元件(M)	字软元件(D)
站号	各站100点	各站10点	0点	各站2点
主站	M800~M899	D490~D499	—	D490,D491
从站	M900~M999	D500~D509	—	D500,D501

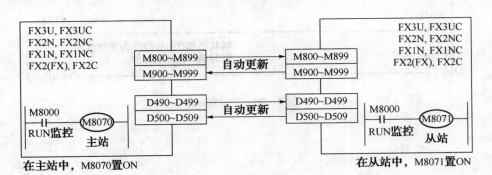

图2-96 普通并联链接模式

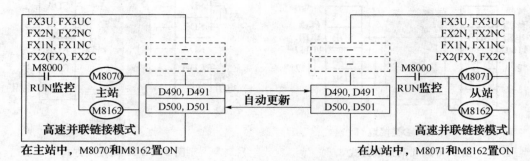

图 2 - 97　高速并联链接模式

③判断并联出错用的软元件(表 2 - 19)。

表 2 - 19　出错软元件说明

软元件	名称	内容
M8072	并联链接运行中	在并联链接运行时置 ON
M8073	主站/从站的设定异常	主站或从站的设定内容中有误时置 ON
M8063	链接出错	通信出错时置 ON

④程序实例：主站程序(图 2 - 98)。

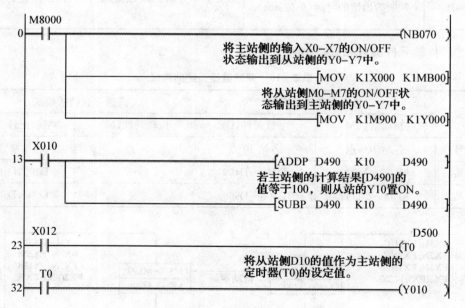

图 2 - 98　主站程序

⑤从站程序(图 2 - 99)。

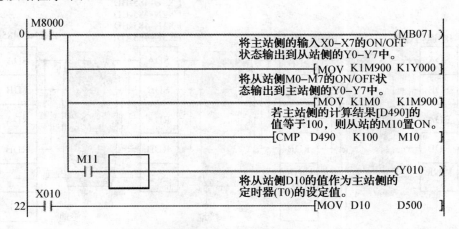

图 2 - 99 从站程序

(4) 故障排除

①通过 LED 显示确认通信状态。

表 2 - 20 通过 LED 显示确认通信状态

LED 显示状态		运行状态
RD	SD	
闪烁	闪烁	正在执行数据的发送接收
闪烁	灯灭	正在执行数据的接收,但是发送不成功
灯灭	闪烁	正在执行数据的发送,但是接收不成功
灯灭	灯灭	数据的发送及接收都成功

正常地执行并联链接时,两个 LED 都应该清晰地闪烁。

当 LED 不闪烁时,请确认接线或主站/从站的设定情况。

②安装及接线的确认

当通信设备和可编程控制器不稳定时,通信会失败。

电源供电(FX0N-485ADP 的场合)。

请确认各通信设备之间的接线是否正确。接线不正确时,不能通信。

2) N∶N 链接通信

(1) 功能概要

N∶N 网络功能,就是在最多 8 台 FX 可编程控制器之间,通过 RS-485 通信链接,进行软元件相互链接的功能。

①数据要链接的点数,有 3 种模式可以选择(FX1S、FX0N 可编程控制器除外)。

②总延长距离最大可达 500 m(仅限于全部由 485ADP 构成的情况)。

(2) 接线图

①1 对接线场合(图 2 - 100)。

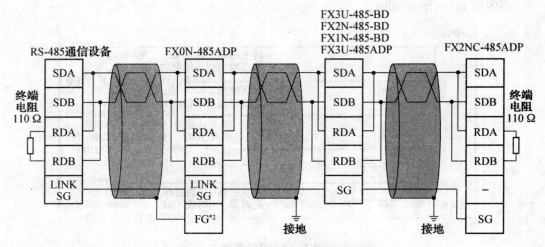

图 2－100 N∶N 网络 1 对线的接线图

②2 对接线场合(图 2－101)。

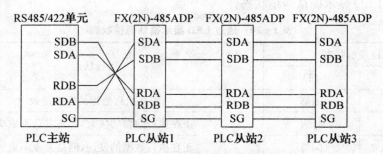

图 2－101 N∶N 网络 2 对线的接线图

(3) 程序编写

①N∶N 网络链接设定用的软元件(表 2－21)。

表 2－21 并联链接设定用的软元件

软元件	名称	内容	设定值
M8038	参数设定	通信参数设定的标志。 也可以作为确认有无 N∶N 网络程序用的标位。 在顺序中请勿置 ON	
M8179	通道设定	使用 FX3U、FX3UC 时设定所使用的通信口的通道。 在顺控程序中设定。 无程序:通道 1　有 OUT M8179 的程序:通道 2	
D8176	相应站号的设定	N∶N 网络设定使用时的站号。 主站设定为 0,从站设定为 1～7。[初始值为 0]	0～7
D8177	从站总数设定	设定从站的总站数。 从站的可编程控制器中无需设定。[初始值为 7]	1～7

软元件	名称	内容	设定值
D8178	刷新范围的设定	选择要相互进行通信的软元件点数的模式。 从站的可编程控制器中无需设定[初始值为 0] 当混合有 FX0N、FX1S 系列时,仅可以设定模式 0	0～2
D8179	重试次数	即使重复指定次数的通信也没有响应的情况下,可以确认出错,以及其他站的出错。 从站的可编程控制器中无需设定[初始值为 3]	0～10
D8180	监视时间	设定用于判断通信异常的时间(50～2 550 ms)。 以 10 ms 为单位进行设定,从站的可编程控制器无需设定[初始值为 5]	5～255

②N∶N 网络出错用的软元件(表 2－22)。

表 2－22　N∶N 网络出错用的软元件

特性	辅助继电器	名称	描述	响应类型
只读	M8183	主站点的通信错误	主站通信出错置 ON	从站点
只读	M8184-M8191	从站点的通信错误	从站产生出错置 ON	主站点,从站点
只读	M8191	数据通信	通信正常时置 ON	主站点,从站点

(说明:在 CPU 错误,程序错误或停止状态下,对每一站点处产生的通信错误数目不能进行计数。)

③N∶N 网络相关数据寄存器(表 2－23)。

表 2－23　N∶N 网络相关数据寄存器

特性	辅助继电器	名称	描述	响应类型
只读	D8173	站点号	存储自己的站点号	主站,从站
只读	D8174	从站点总数	存储从站点总数	主站,从站
只读	D8175	刷新范围	存储刷新范围	主站,从站
只写	D8176	站点号设置	设置自己的站点号	主站,从站
只写	D8177	总从站点数设置	设置从站点总数	主站
只写	D8178	刷新范围设置	设置刷新范围	主站
读写	D8179	重试次数设置	设置重试次数	主站
读写	D8180	通信超时设置	设置通信超时	主站
只读	D8201	当前网络扫描时间	存储当前网络扫描时间	主站,从站
只读	D8202	最大网络扫描时间	存储最大网络扫描时间	主站,从站
只读	D8203	主站通信错误数目	主站通信错误数目	从站

特性	辅助继电器	名称	描述	响应类型
只读	D820 到 D8210	从站通信错误数目	从站通信错误数目	主站,从站
只读	D8211	主站通信错误代码	主站通信错误代码	从站
只读	D821 到 D8218	从站通信错误代码	从站通信错误代码	主站,从站

④设置刷新范围 D8178。

D8178＝0 工作为模式 0,其共享元件对应表如表 2 - 24 所示。

表 2 - 24　工作模式 0

站点号	软元件号	
	位软元件	字软元件
	0 点	8 点
第 0 号	—	D0 到 D7
第 1 号	—	D10 到 D17
第 2 号	—	D20 到 D27
第 3 号	—	D30 到 D37
第 4 号	—	D40 到 D47
第 5 号	—	D50 到 D57
第 6 号	—	D60 到 D67
第 7 号	—	D70 到 D77

D8178＝1 工作为模式 1,其共享元件对应表如表 2 - 25 所示。

表 2 - 25　工作模式 1

站点号	软元件号	
	位软元件	字软元件
	32 点	8 点
第 0 号	M1000 到 M1031	D0 到 D7
第 1 号	M1064 到 M1095	D10 到 D17
第 2 号	M1128 到 M1159	D20 到 D27
第 3 号	M1192 到 M1223	D30 到 D37
第 4 号	M1256 到 M1287	D40 到 D47
第 5 号	M1320 到 M1351	D50 到 D57
第 6 号	M1384 到 M1415	D60 到 D67
第 7 号	M1448 到 M1479	D70 到 D77

D8178＝2 工作为模式 2,其共享元件对应表如表 2 - 26 所示。

表 2-26 工作模式 2

站点号	软元件号	
	位软元件	字软元件
	64 点	8 点
第 0 号	M1000 到 M1063	D0 到 D7
第 1 号	M1064 到 M1127	D10 到 D17
第 2 号	M1128 到 M1191	D20 到 D27
第 3 号	M1192 到 M1255	D30 到 D37
第 4 号	M1256 到 M1319	D40 到 D47
第 5 号	M1320 到 M1383	D50 到 D57
第 6 号	M1384 到 M1447	D60 到 D67
第 7 号	M1448 到 M1511	D70 到 D77

⑤程序实例(图 2-102～图 2-106)。

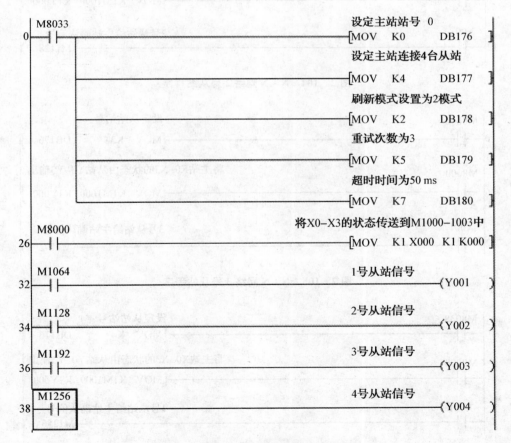

图 2-102 N：N 网络主站程序

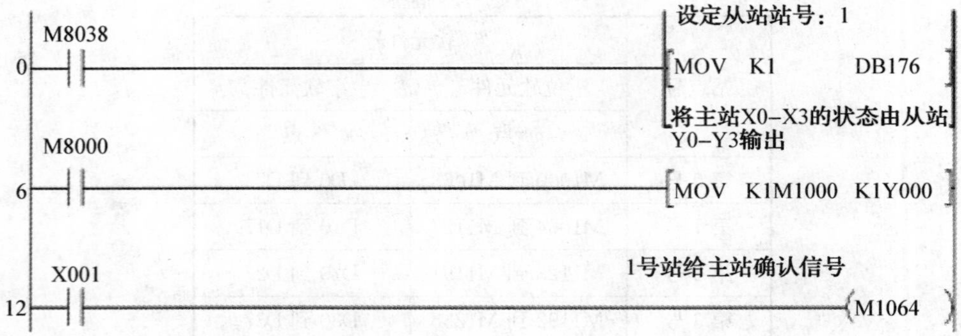

设定从站站号：1

```
      M8038
  0 ──┤├──────────────────────────────────────[MOV  K1        DB176]
```

将主站X0~X3的状态由从站Y0~Y3输出

```
      M8000
  6 ──┤├──────────────────────────────────────[MOV  K1M1000  K1Y000]
```

1号站给主站确认信号

```
      X001
 12 ──┤├────────────────────────────────────────────────────(M1064)
```

图 2-103　N∶N 网络 1 号从站程序

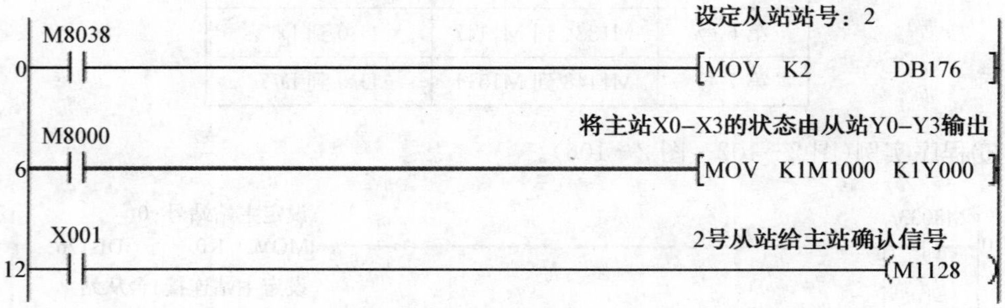

设定从站站号：2

```
      M8038
  0 ──┤├──────────────────────────────────────[MOV  K2        DB176]
```

将主站X0~X3的状态由从站Y0~Y3输出

```
      M8000
  6 ──┤├──────────────────────────────────────[MOV  K1M1000  K1Y000]
```

2号从站给主站确认信号

```
      X001
 12 ──┤├────────────────────────────────────────────────────(M1128)
```

图 2-104　N∶N 网络 2 号从站程序

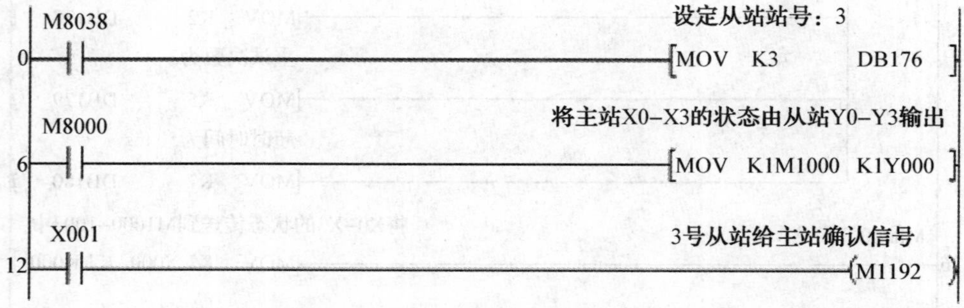

设定从站站号：3

```
      M8038
  0 ──┤├──────────────────────────────────────[MOV  K3        DB176]
```

将主站X0~X3的状态由从站Y0~Y3输出

```
      M8000
  6 ──┤├──────────────────────────────────────[MOV  K1M1000  K1Y000]
```

3号从站给主站确认信号

```
      X001
 12 ──┤├────────────────────────────────────────────────────(M1192)
```

图 2-105　N∶N 网络 3 号从站程序

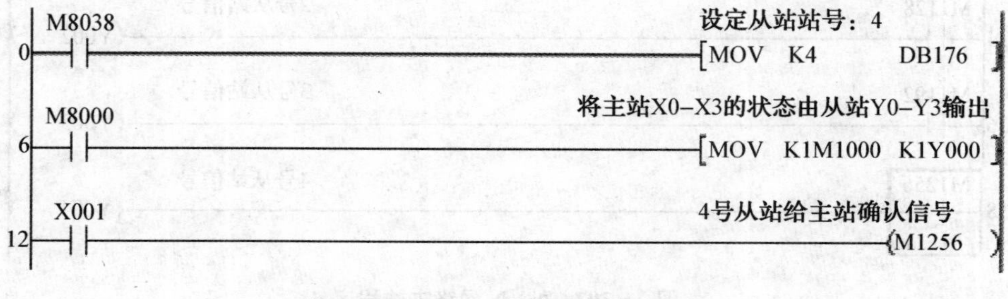

设定从站站号：4

```
      M8038
  0 ──┤├──────────────────────────────────────[MOV  K4        DB176]
```

将主站X0~X3的状态由从站Y0~Y3输出

```
      M8000
  6 ──┤├──────────────────────────────────────[MOV  K1M1000  K1Y000]
```

4号从站给主站确认信号

```
      X001
 12 ──┤├────────────────────────────────────────────────────(M1256)
```

图 2-106　N∶N 网络 4 号从站程序

（4）故障排除

①通过 LED 显示确认通信状态（表 2 - 27）

表 2 - 27　通过 LED 显示运行状态

LED 显示状态		运行状态
RD	SD	
闪烁	闪烁	正在执行数据的发送接收
闪烁	灯灭	正在执行数据的接收,但是发送不成功
灯灭	闪烁	正在执行数据的发送,但是接收不成功
灯灭	灯灭	数据的发送及接收都成功

正常地执行并联链接时,两个 LED 都应该清晰地闪烁。

当 LED 不闪烁时,请确认接线或主站/从站的设定情况。

②安装及接线的确认

当通信设备和可编程控制器不稳定时,通信会失败。

电源供电(FX0N-485ADP 的场合),确认各通信设备之间的接线是否正确。接线不正确时,不能通信。

2.3.7　FX0N-3A 扩展板的应用

FX0N-3A 模拟量输入/输出模块外观图如图 2 - 107 所示。

1）作用

（1）FX0N-3A 模拟特殊功能块有两个输入通道和一个输出通道。

（2）输入通道接收模拟信号并将模拟信号转换成数字值。

（3）输出通道采用数字值并输出等量模拟信号。

2）特点

（1）FX0N-3A 的最大分辨率为 8 位。

（2）在输入/输出基础上选择的电压或电流,由用户接线

图 2 - 107　FX0N-3A 外观图

方式决定。两路模拟量输入(0～10 V、0～5 V 或 4～20 mA)通道和一路模拟量输出(0～10 V、0～5 V 或 4～20 mA)通道。

（3）FX0N-3A 可以连接到 FX2N、FX2NC、FX1N、FX0N 系列的可编程控制器上。

（4）所有数据传输和参数设置都是通过应用到 PLC 中的 TO/FROM 指令,通过 FX0N-3A 的软件控制调节的。

（5）PLC 和 FX0N-3A 之间的通信由光电耦合器保护。

（6）FX0N-3A 在 PLC 扩展母线上占用 8 个 I/O 点。8 个 I/O 点可以分配给输入或输出。

3）端子接线（图 2 - 108）

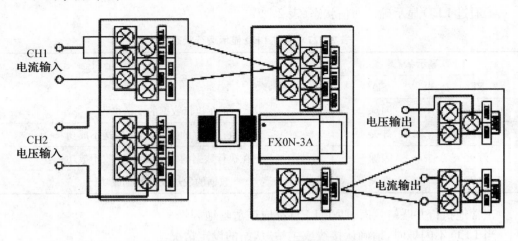

图 2 - 108　FX0N-3A 输入/输出接线图

（1）当使用电流输入时,确保标记为[VIN＊1]和[IIN＊1]的端子连接了。当使用电流输出时,不要连接[VOUT]和[IOUT]端子。

（2）如果电压输入/输出方面出现任何电压波动或者有过多的电噪音,则要在输入端两侧连接一个额定值大约在 25 V,0.1～0.47 μF 的电容器。

4）与 PLC 连 接

（1）最多 4 个 FX0N-3A 模块可以连接到 FX0N 系列 PLC,最多 5 个可以连接到 FX1N 系列,最多 8 个可以连接到 FX2N 系列,最多 4 个可以连接到 FX2NC 系列 PLC,全部需和带有电源的扩展单元配套使用。

（2）FX0N-3A 消耗 5 V DC 30 FX0N-3A。连接到 FX2N 或 FX2NC 主单元或 FX2N 扩展单元的所有特殊功能块总共 5 V 的消耗绝不能超过系统的 5 V 电压电源容量。

（3）FX0N-3A 和主单元是通过主单元右边的电缆连接的。

5）FX0N-3A 模拟量 I/O 模块性能

FX0N-3A 的输入和输出性能参数如表 2 - 28 和表 2 - 29 所示。

表 2 - 28　FX0N-3A 的输入性能参数

模拟量输入	电压输入	电流输入
模拟输入范围	出厂默认值为 0 至 10 V DC 输入选择了 0 至 250 范围。 若把 FX0N-3A 用于电流输入或区分 0 至 10 V DC 之外的电压输入,需要重新调整偏置和增益。 模块不允许两个通道有不同的输入特性	
	0 至 10 V,0 至 5 V DC,电阻 200 kΩ 警告:输入电压超过－0.5 V、＋15 V 就可能损坏该模块	4 至 20 mA,电阻 250 Ω 警告:输入电流超过－2 mA、＋60 mA 就可能损坏该模块
数字分辨率	8 位	

模拟量输入	电压输入	电流输入
最小输入信号分辨率	40 mV;0 至 10 V/0 至 250(默认值) 依据输入特性而变	64 μA;4 至 20 mA/0 至 250 依据输入特性而变
总精度	±0.1 V	±0.16 mA
处理时间	T0 指令处理时间×2+FROM 指令处理时间	
输入特点	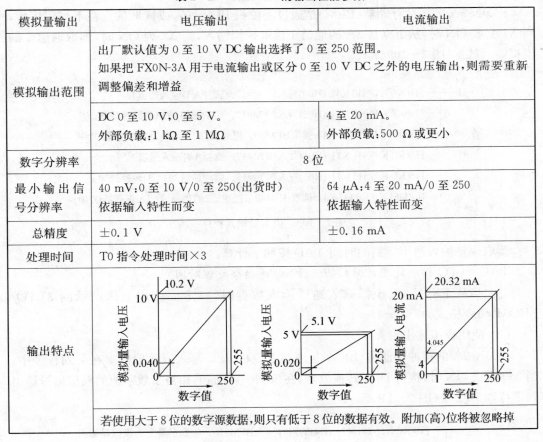	
	模块不允许两个通道有不同的输入特性。	

表 2 - 29　FX0N-3A 的输出性能参数

模拟量输出	电压输出	电流输出
模拟输出范围	出厂默认值为 0 至 10 V DC 输出选择了 0 至 250 范围。 如果把 FX0N-3A 用于电流输出或区分 0 至 10 V DC 之外的电压输出,则需要重新调整偏差和增益	
	DC 0 至 10 V,0 至 5 V。 外部负载:1 kΩ 至 1 MΩ	4 至 20 mA。 外部负载:500 Ω 或更小
数字分辨率	8 位	
最小输出信号分辨率	40 mV;0 至 10 V/0 至 250(出货时) 依据输入特性而变	64 μA;4 至 20 mA/0 至 250 依据输入特性而变
总精度	±0.1 V	±0.16 mA
处理时间	T0 指令处理时间×3	
输出特点		
	若使用大于 8 位的数字源数据,则只有低于 8 位的数据有效。附加(高)位将被忽略掉	

6) 缓冲存储器的分配(BFM)

如表 2 - 30 所示,如果 FNC176(RD3A)和 FNC177(WR3A)与 FX1N、FX2N(V3.00

或更高)或 FX2N(V3.00 或更高)一起使用,则不需要考虑缓冲存储器的分配。

表 2-30 FX0N-3A 缓冲寄存器的分配

缓冲存储器编号	b15~b8	b7	b6	b5	b4	b3	b2	b1	b0
0	保留	通过 BFM#17 的 b0 选择的 A/D 通道的当前值输入数据(以 8 位存储)							
16		在 D/A 通道上的当前值输出数据(以 8 位存储)							
17	保留						D/A 启动	A/D 启动	A/D 启动
1-5,18-31	保留								

BFM17:b0=0 选择模拟输入通道 1;

　　　　b0=1 选择模拟输入通道 2;

　　　　b1=0→1 或 1→0,启动 A/D 转移处理;

　　　　b2=0→1 或 1→0,启动 D/A 转换处理。

(注:这些缓冲存储器设备是在 FX0N-3A 内存储/分配的。)

7) 程序例子

(1) 使用模拟输入

FX0N-3A 的缓冲存储器(BFM)是通过上位机 PLC 写入或读取的。在下列程序中,当 X1 变成 ON 时,从 FX0N-3A 的通道 1 读取模拟输入,当 X2 为 ON 时,读取通道 2 的模拟输入数据(图 2-109 示)。

X1
[T0 K0 K17 H0 K1] (H00)写入 BFM#17,选择 A/D 输入通道 1。

[T0 K0 K17 H2 K1] (H02)写入 BFM#17,启动通道 1 的 A/D 转换处理。

[FROM K0 K0 D0 K1] 读取 BFM#0,把通道 1 的当前值存入寄存器 D0 中。

X2
[T0 K0 K17 H1 K1] (H01)写入 BFM#17,选择 A/D 输入通道 2。

[T0 K0 K17 H3 K1] (H03)写入 BFM#17,启动通道 2 的 A/D 转换处理。

[FROM K0 K0 D2 K1] 读取 BFM#0,把通道 2 的当前值存入寄存器 D2 中。

图 2-109 模拟量输入程序

读取模拟输入通道所需的时间 TAD 按如下计算:

TAD=(TO 指令处理时间)×2+(FROM 指令处理时间)

(注:当从 FX0N-3A 模拟输入通道读取数据时,一定要使用上面所示的 3(TO/FROM)命令格式。)

(2) 使用模拟输出

FX0N-3A 的缓冲存储器(BFM)是通过上位机 PLC 写入或读取的。在下列程序中,当 M0 变成 ON 时,执行 D/A 转换处理,在该例中,存储的相当于数字值的模拟信号输出到寄存器 D02 中(图 2-110 示)。

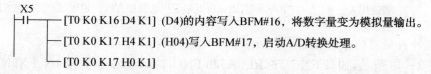

X5
[T0 K0 K16 D4 K1] (D4)的内容写入 BFM#16,将数字量变为模拟量输出。

[T0 K0 K17 H4 K1] (H04)写入 BFM#17,启动 A/D 转换处理。

[T0 K0 K17 H0 K1]

图 2-110 模拟量输出程序

写入模拟输入通道所需的时间 TDA 按如下计算：

TDA＝(TO 指令处理时间)×3

(注：当把数据写入 FX0N-3A 模拟输出通道时，一定要使用上面所示的 3(TO)指令格式。)

8) 出错检查

如果 FX0N-3A 特殊功能块工作不太正常，则检查下列项目：

(1) 检查 POWER LED 的状态。

亮：扩展电缆正确连接了；灭：检查扩展电缆的连接情况。

(2) 检查外部接线。

(3) 检查连接到模拟输出端子的输出负载是否在下列指定限制之内：

电压输出：1 kΩ 至 1 MΩ；电流输出：500 Ω 或更小。

(4) 检查输入设备的阻抗是否在指定限制之内：

电压输入：200 kΩ，电流输入：250 Ω。

(5) 按要求使用电压表/电流表检查 FX0N-3A 模拟通道(输入和输出)的校准。

2.3.8　FR-D700 变频器

在可编程控制实训教学设备中，我们选用了三菱 FR-D700 系列的变频器，FR-D700 系列变频器的外观如图 2-111 所示。

图 2-111　FR-D700 系列变频器

FR-D700 系列变频器是一种小型、高性能变频器。

FR-D700 系列变频器主电路的通用接线如图 2-112 所示。

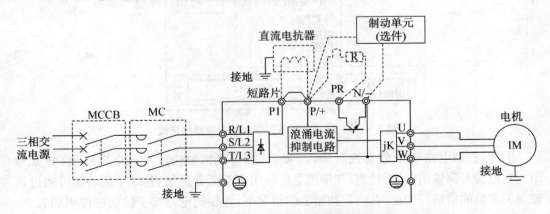

图 2-112　FR-D700 系列变频器主电路的通用接线

图中有关说明如下：

（1）端子 P1、P/＋之间用以连接直流电抗器，不需连接时，两端子间短路。

（2）P/＋与 PR 之间用以连接制动电阻器，P/＋与 N/－之间用以连接制动单元选件。

（3）交流接触器 MC 用作变频器安全保护的目的，注意不要通过此交流接触器来启动或停止变频器，否则可能降低变频器寿命。

（4）进行主电路接线时，应确保输入、输出端不能接错，即电源线必须连接至 R/L1、S/L2、T/L3，绝对不能接 U、V、W，否则会损坏变频器。

FR-D700 系列变频器控制电路的接线如图 2－113 所示。

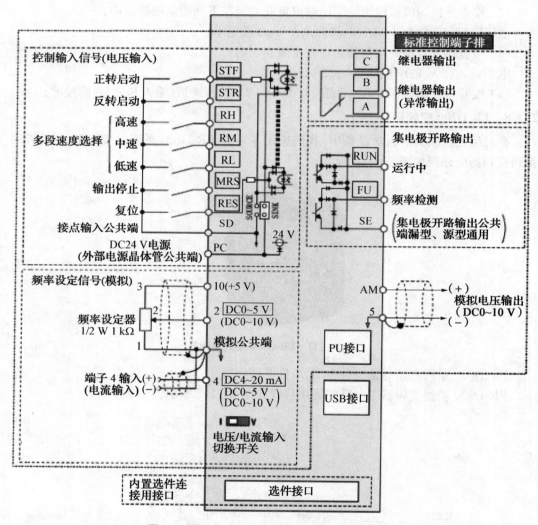

图 2－113　FR-D700 系列变频控制电路的接线

图中，控制电路端子分为控制输入、频率设定（模拟量输入）、继电器输出（异常输出）、集电极开路输出（状态检测）和模拟电压输出等 5 部分区域，各端子的功能可通过调整相关参数的值进行变更，在出厂初始值的情况下，各控制电路端子的功能说明如表 2－31、表 2－32 和表 2－33 所示。

表 2‑31 控制电路输入端子的功能说明

种类	端子编号	端子名称	端子功能说明	
接点输入	STF	正转启动	STF 信号 ON 时为正转、OFF 时为停	STF、STR 信号同时 ON 时变成停止指令
	STR	反转启动	STR 信号 ON 时为反转、OFF 时为停止指令	
	RH、RM、RL	多段速度选择	用 RH、RM 和 RL 信号的组合可以选择多段速度	
	MRS	输出停止	MRS 信号 ON(20 ms 或以上)时,变频器输出停止。用电磁制动器停止电机时用于断开变频器的输出	
	RES	复位	用于解除保护电路动作时的报警输出。请使 RES 信号处于 ON 状态 0.1 s 或以上,然后断开。初始设定为始终可进行复位。但进行了 Pr.75 的设定后,仅在变频器报警发生时可进行复位。复位时间约为 1s	
	SD	接点输入公共端(漏型)(初始设定)	接点输入端子(漏型逻辑)的公共端子	
		外部晶体管公共端(源型)	源型逻辑时当连接晶体管输出(即集电极开路输出),例如可编程控制器(PLC),将晶体管输出用的外部电源公共端接到该端子时,可以防止因漏电引起的误动作	
		DC24V 电源公共端	DC24V 0.1 A 电源(端子 PC)的公共输出端子。与端子 5 及端子 SE 绝缘	
	PC	外部晶体管公共端(漏型)(初始设定)	漏型逻辑时当连接晶体管输出(即集电极开路输出),例如可编程控制器(PLC),将晶体管输出用的外部电源公共端接到该端子时,可以防止因漏电引起的误动作	
		接点输入公共端(源型)	接点输入端子(源型逻辑)的公共端子	
		DC24V 电源	可作为 DC24V、0.1 A 的电源使用	
频率设定	10	频率设定用电源	作为外接频率设定(速度设定)用电位器的电源使用。(按照 Pr.73 模拟量输入选择)	
	2	频率设定(电压)	如果输入 DC0~5 V(或 0~10 V),在 5 V(10 V)时为最大输出频率,输入输出成正比。通过 Pr.73 进行 DC0~5 V(初始设定)和 DC0~10 V 输入的切换操作	

种类	端子编号	端子名称	端子功能说明
频率设定	4	频率设定(电流)	若输入 DC4~20 mA(或 0~5 V,0~10 V),在 20 mA 时为最大输出频率,输入输出成正比。只有 AU 信号为 ON 时端子 4 的输入信号才会有效(端子 2 的输入将无效)。通过 Pr.267 进行 4~20 mA(初始设定)和 DC0~5 V、DC0~10 V 输入的切换操作。 电压输入(0~5 V/0~10 V)时,请将电压/电流输入切换开关切换至"V"
	5	频率设定公共端	频率设定信号(端子 2 或 4)及端子 AM 的公共端子,请勿接大地

表 2‐32 控制电路接点输出端子的功能说明

种类	端子记号	端子名称	端子功能说明	
继电器	A、B、C	继电器输出(异常输出)	指示变频器因保护功能动作时输出停止的 1c 接点输出。异常时:B—C 间不导通(A—C 间导通),正常时:B—C 间导通(A—C 间不导通)	
集电极开路	RUN	变频器正在运行	变频器输出频率大于或等于启动频率(初始值 0.5 Hz)时为低电平,已停止或正在直流制动时为高电平	
	FU	频率检测	输出频率大于或等于任意设定的检测频率时为低电平,未达到时为高电平	
	SE	集电极开路输出公共端	端子 RUN、FU 的公共端子	
模拟	AM	模拟电压输出	可以从多种监示项目中选一种作为输出。变频器复位时不被输出。输出信号与监示项目的大小成比例	输出项目:输出频率(初始设定)

表 2‐33 接口端子的功能说明

种类	端子记号	端子名称	端子功能说明
RS-485	—	PU 接口	通过 PU 接口,可进行 RS-485 通信。 • 标准规格:EIA-485(RS-485) • 传输方式:多站点通信 • 通信速率:4 800~38 400 bps • 总长距离:500 m

续表 2 - 33

种类	端子记号	端子名称	端子功能说明
USB	—	USB 接口	与个人电脑通过 USB 连接后,可以实现 FR Configurator 的操作。 • 接口:USB1.1 标准 • 传输速度:12 Mbps • 连接器:USB 迷你-B 连接器(插座:迷你-B 型)

2.3.9　变频器的操作面板的操作训练

1) FR-D700 系列的操作面板的认识

使用变频器之前,首先要熟悉它的面板显示和键盘操作单元(或称控制单元),并且按使用现场的要求合理设置参数。FR-D700 系列变频器的参数设置,通常利用固定在其上的操作面板(不能拆下)实现,也可以使用连接到变频器 PU 接口的参数单元(FR-PU07)实现。使用操作面板可以进行运行方式、频率的设定,运行指令监视,参数设定、错误表示等。操作面板如图 2 - 114 所示,其上半部为面板显示器,下半部为 M 旋钮和各种按键。它们的具体功能分别如表 2 - 34 和表 2 - 35 所示。

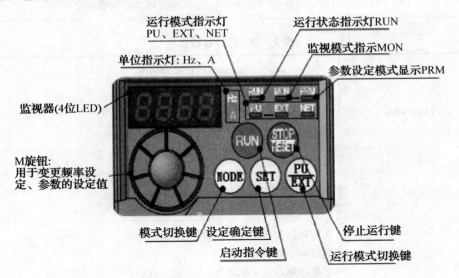

图 2 - 114　FR-D700 的操作面板

表 2 - 34　旋钮、按键功能

旋钮和按键	功能
M 旋钮(三菱变频器旋钮)	旋动该旋钮用于变更频率设定、参数的设定值。按下该旋钮可显示以下内容。 • 监视模式时的设定频率 • 校正时的当前设定值 • 报警历史模式时的顺序

旋钮和按键	功能
模式切换键 MODE	用于切换各设定模式。和运行模式切换键同时按下也可以用来切换运行模式。长按此键(2 s)可以锁定操作
设定确定键 SET	各设定的确定,当运行中按此键则监视器出现以下显示: 运行频率 → 输出电流 → 输出电压
运行模式切换键 PU/EXT	用于切换 PU/外部运行模式。 使用外部运行模式(通过另接的频率设定电位器和启动信号启动的运行)时请按此键,使表示运行模式的 EXT 处于亮灯状态。 切换至组合模式时,可同时按 MODE 键0.5 s,或者变更参数 Pr.79
启动指令键 RUN	在 PU 模式下,按此键启动运行。 通过 Pr.40 的设定,可以选择旋转方向
停止运行键 STOP/RESET	在 PU 模式下,按此键停止运转。 保护功能(严重故障)生效时,也可以进行报警复位

表 2‑35 运行状态显示

显示	功能
运行模式显示	PU:PU 运行模式时亮灯; EXT:外部运行模式时亮灯; NET:网络运行模式时亮灯
监视器(4 位 LED)	显示频率、参数编号等
监视数据单位显示	Hz:显示频率时亮灯;A:显示电流时亮灯。 (显示电压时熄灯,显示设定频率监视时闪烁)
运行状态显示 RUN	当变频器动作中亮灯或者闪烁,其中: 亮灯——正转运行中; 缓慢闪烁(1.4 s 循环)——反转运行中; 下列情况下出现快速闪烁(0.2 s 循环): •按键或输入启动指令都无法运行时 •有启动指令,但频率指令在启动频率以下时 •输入了 MRS 信号时
参数设定模式显示 PRM	参数设定模式时亮灯
监视器显示 MON	监视模式时亮灯

2) 变频器的运行模式的切换

由表 2‑34 和表 2‑35 可见,在变频器不同的运行模式下,各种按键、M 旋钮的功能各异。所谓运行模式是指对输入到变频器的启动指令和设定频率的命令来源的指定。

　　一般来说，使用控制电路端子、在外部设置电位器和开关来进行操作的是"外部运行模式"，使用操作面板或参数单元输入启动指令、设定频率的是"PU 运行模式"，通过 PU 接口进行 RS-485 通信或使用通信选件的是"网络运行模式（NET 运行模式）"。在进行变频器操作以前，必须了解其各种运行模式，才能进行各项操作。

　　FR-D700 系列变频器通过参数 Pr.79 的值来指定变频器的运行模式，设定值范围为 0、1、2、3、4、6、7；这 7 种运行模式的内容以及相关 LED 指示灯的状态如表 2-36 所示。

表 2-36　运行模式选择（Pr.79）

设定值	内容		LED 显示状态（■:灭灯　□:亮灯）
0	外部/PU 切换模式，通过 PU/EXT 键可切换 PU 与外部运行模式。注意：接通电源时为外部运行模式		外部运行模式：EXT PU 运行模式：PU
1	固定为 PU 运行模式		PU
2	固定为外部运行模式可以在外部、网络运行模式间切换运行		外部运行模式：EXT 网络运行模式：NET
3	外部/PU 组合运行模式 1		
	频率指令	启动指令	
	用操作面板设定或用参数单元设定，或外部信号输入（多段速设定，端子 4～5 间（AU 信号 ON 时有效））	外部信号输入（端子 STF、STR）	PU　EXT
4	外部/PU 组合运行模式 2		
	频率指令	启动指令	
	外部信号输入（端子 2、4、JOG、多段速选择等）		
6	切换模式可以在保持运行状态的同时，进行 PU 运行、外部运行、网络运行的切换		PU 运行模式：PU 外部运行模式：EXT 网络运行模式：NET
7	外部运行模式（PU 运行互锁）X12 信号 ON 时，可切换到 PU 运行模式（外部运行中输出停止）X12 信号 OFF 时，禁止切换到 PU 运行模式		PU 运行模式：PU 外部运行模式：EXT

变频器出厂时,参数 Pr.79 设定值为 0。当停止运行时用户可以根据实际需要修改其设定值。

修改 Pr.79 设定值的一种方法是:按 MODE 键使变频器进入参数设定模式;旋动 M 旋钮,选择参数 Pr.79,用 SET 键确定之;然后再旋动 M 旋钮选择合适的设定值,用 SET 键确定之;两次按 MODE 键后,变频器的运行模式将变更为设定的模式。

图 2-115 是设定参数 Pr.79 的一个例子。该例子把变频器从固定外部运行模式变更为组合运行模式 1。

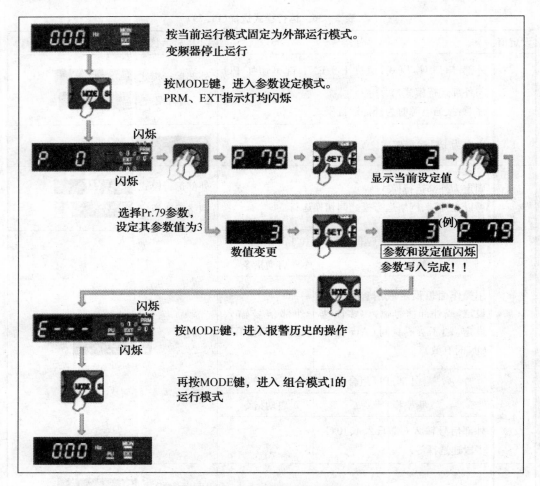

按当前运行模式固定为外部运行模式。
变频器停止运行

按MODE键,进入参数设定模式。
PRM、EXT指示灯均闪烁

闪烁

闪烁

显示当前设定值

选择Pr.79参数,
设定其参数值为3

数值变更

参数和设定值闪烁
参数写入完成!!

闪烁

闪烁

按MODE键,进入报警历史的操作

再按MODE键,进入 组合模式1的
运行模式

图 2-115　变频器运行模式变更例子

3)参数的设定

变频器参数的出厂设定值被设置为完成简单的变速运行。如需按照负载和操作要求设定参数,则应进入参数设定模式,先选定参数号,然后设置其参数值。设定参数分两种情况,一种是停机 STOP 方式下重新设定参数,这时可设定所有参数;另一种是在运行时设定,这时只允许设定部分参数,但是可以核对所有参数号及参数。图 2-116 是参数设定过程的一个例子,所完成的操作是把参数 Pr.(上限频率)1 从出厂设定值 120.0 Hz 变更为 50.0 Hz,假定当前运行模式为外部/PU 切换模式(Pr.79=0)。

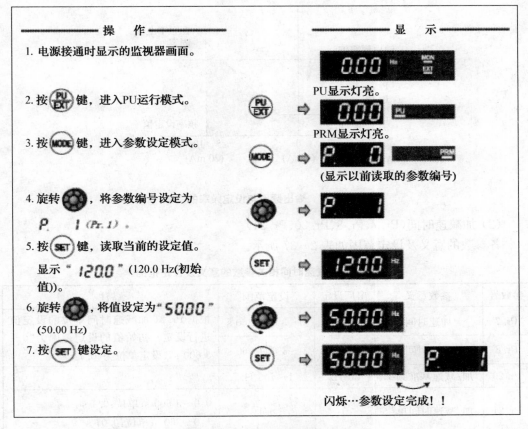

图 2 - 116 变更参数的设定值

图 2 - 116 变更参数设定值的过程中,需要先切换到 PU 模式下,再进入参数设定模式,与图 2 - 115 的方法有所不同。实际上,在任一运行模式下,按 MODE 键,都可以进入参数设定,如图 2 - 115 那样,但只能设定部分参数。

4)常用的参数设置

FR-D700 变频器有几百个参数,实际使用时,只需根据使用现场的要求设定部分参数,其余按出厂设定即可。一些常用参数,则是应该熟悉的。

下面根据分拣单元工艺过程对变频器的要求,介绍一些常用参数的设定。关于参数设定更详细的说明请参阅 FR-D700 使用手册。

(1)输出频率的限制(Pr. 1、Pr. 2、Pr. 18)

为了限制电机的速度,应对变频器的输出频率加以限制。Pr."上限频率"和 Pr. 2 用 1"下限频率"来设定,可将输出频率的上、下限钳位。当在 120 Hz 以上运行时,用参数 Pr. 18"高速上限频率"设定高速输出频率的上限。Pr. 1 与 Pr. 2 出厂设定范围为 0~120 Hz,出厂设定值分别为 120 Hz 和 0 Hz。Pr. 18 出厂设定范围为 120~400 Hz。输出频率和设定值的关系如图 2 - 117 所示。

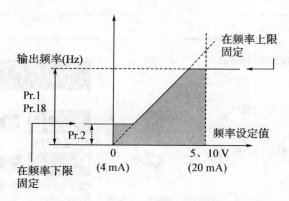

图 2-117　输出频率与设定频率的关系

（2）加减速时间（Pr.7、Pr.8、Pr.20、Pr.21）

各参数的意义及设定范围如表 2-37 所示。

表 2-37　加减速时间相关参数的意义及设定范围

参数号	参数意义	出厂设定	设定范围	备注
Pr.7	加速时间	5 s	0～3 600/360 s	根据 Pr.21 加减速时间单位的设定值进行设定。初始值的设定范围为"0～3 600 s"、设定单位为"0.1 s"
Pr.8	减速时间	5 s	0～3 600/360 s	
Pr.20	加/减速基准频率	50 Hz	1～400 Hz	
Pr.21	加/减速时间单位	0	0/1	0:0～3 600 s;单位:0.1 s 1:0～360 s;单位:0.01 s

设定说明：

①Pr.20 为加/减速的基准频率，在我国就选为 50 Hz。

②Pr.7 加速时间用于设定从停止到 Pr.20 加减速基准频率的加速时间。

③Pr.8 减速时间用于设定从 Pr.20 加减速基准频率到停止的减速时间。

（3）多段速运行模式的操作

变频器在外部操作模式或组合操作模式 2 下，变频器可以通过外接的开关器件的组合通断改变输入端子的状态来实现。这种控制频率的方式称为多段速控制功能。

FR-D700 变频器的速度控制端子是 RH、RM 和 RL。通过这些开关的组合可以实现 3 段、7 段的控制。

转速的切换：由于转速的挡次是按二进制的顺序排列的，故三个输入端可以组合成 3 挡至 7 挡（0 状态不计）转速。其中，3 段速由 RH、RM、RL 单个通断来实现。7 段速由 RH、RM、RL 通断的组合来实现。

7 段速的各自运行频率则由参数 Pr.4～Pr.6（设置前 3 段速的频率）、Pr.24～Pr.27（设置第 4 段速至第 7 段速的频率）。对应的控制端状态及参数关系见图 2-118 所示。

参数号	出厂设定	设定范围	备注
4	50 Hz	0～400 Hz	
5	30 Hz	0～400 Hz	
6	10 Hz	0～400 Hz	
24～27	9999	0～400 Hz,9999	9999:未选择

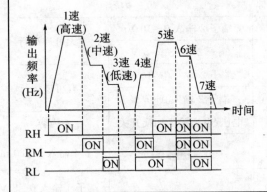

1 速:RH 单独接通,Pr. 4 设定频率
2 速:RM 单独接通,Pr. 5 设定频率
3 速:RL 单独接通,Pr. 6 设定频率
4 速:RM、RL 同时通,Pr. 24 设定频率
5 速:RH、RL 同时通,Pr. 25 设定频率
6 速:RH、RM 同时通,Pr. 26 设定频率
7 速:RH、RM、RL 全通,Pr. 27 设定频率

图 2‐118 多段速控制对应的控制端状态及参数关系

多段速度设定在 PU 运行和外部运行中都可以设定。运行期间参数值也能被改变。

3 速设定的场合(Pr. 24～Pr. 27 设定为 9999),2 速以上同时被选择时,低速信号的设定频率优先。

最后指出,如果把参数 Pr. 183 设置为 8,将 RMS 端子的功能转换成多速段控制端 REX,就可以用 RH、RM、RL 和 REX(由)通断的组合来实现 15 段速。详细的说明请参阅 FR-D700 使用手册。

5) 变频器的控制方式

变频器的控制方式很多,本文只介绍以下两种控制方式:

(1) 模拟量输入控制;

(2) 通信方式控制。

6) 通过模拟量输入控制变频器

模拟量输入控制变频器实现电机的无级调速具有编程简单、容易实现的特点。

变频器可以通过外部模拟量连续设定频率,而该模拟量可以是电流也可以是电压,可以通过端子 2 和端子 4 作为模拟量输入端子。

(1) 模拟量输入信号端子的选择

FR-D700 系列变频器提供 2 个模拟量输入信号端子(端子 2、4)用作连续变化的频率设定。在出厂设定情况下,只能使用端子 2,端子 4 无效。

要使端子 4 有效,需要在各接点输入端子 STF、STR、…、RES 之中选择一个,将其功能定义为 AU 信号输入。则当这个端子与 SD 端短接时,AU 信号为 ON,端子 4 变为有效,端子 2 变为无效。

若选择 RH 端子用作 AU 信号输入,则应当将 RH 对应 Pr. 182 设定参数值为 4,当此开关断开时,AU 信号为 OFF,端子 2 有效;反之,当此开关接通时,AU 信号为 ON,端子4有效。

（2）模拟量信号的输入规格

如果使用端子2，模拟量信号可为0～5 V或0～10 V的电压信号，用参数Pr.73指定，其出厂设定值为1，指定为0～5 V的输入规格，并且不能可逆运行。参数Pr.73的取值范围为0、1、10、11，具体内容见表2-38。

表2-38 模拟量输入选择（Pr.73、Pr.267）

参数编号	名称	初始值	设定范围	内容	
73	模拟量输入选择	1	0	端子2输入0～10 V	无可逆运行
			1	端子2输入0～5 V	
			10	端子2输入0～10 V	有可逆运行
			11	端子2输入0～5 V	
				电压/电流输入切换开关	内容
267	端子4输入选择	0	0	I ▭ V	端子4输入4～20 mA
			1	I ▭ V	端子4输入0～5 V
			2		端子4输入0～10 V

如果使用的端子4，模拟量信号可为电压输入（0～5 V、0～10 V）或电流输入（4～20 mA初始值），用参数Pr.267和电压/电流输入切换开关设定，并且要输入与设定相符的模拟量信号。Pr.267取值范围为0,1,2，具体内容见表2-39。

必须注意的是，若发生切换开关与输入信号不匹配的错误（例如开关设定为电流输入I，但端子输入却为电压信号；或反之）时，会导致外部输入设备或变频器故障。

对于频率设定信号（DC 0～5 V、0～10 V或4～20 mA）的相应输出频率的大小可用参数Pr.125（对端子2）或Pr.126（对端子4）设定，用于确定输入增益（最大）的频率。它们的出厂设定值均为50 Hz，设定范围为0～400 Hz。

【例】现要求电压（DC 0～10 V）模拟量输入信号端子2用作连续变化（0～50 Hz）的频率设定实现电机的无级调速，并能实现0～50 Hz的任意频率值调节。

首先应当对硬件接线，如图2-119所示。

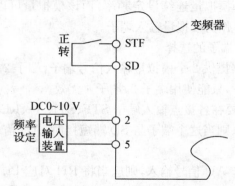

图2-119 使用端子2（DC0～10 V）时的布线

与此同时应设定如下参数：

表 2-39　通过模拟量输入信号端子 2(DC0～10 V)参数设置

参数编号	名称	设定值	内容
73	模拟量输入选择	0	端子 2 输入 0～10 V
79	运行模式选择	2	外部模拟量输入控制模式
125	端子 2 频率设定增益频率	50	端子 2 最大输出频率设定

若在图 2-119 中电压输入模块是指 FX1N-1DA-BD,则应当在 PLC 内写入程序,程序如图 2-120 所示。

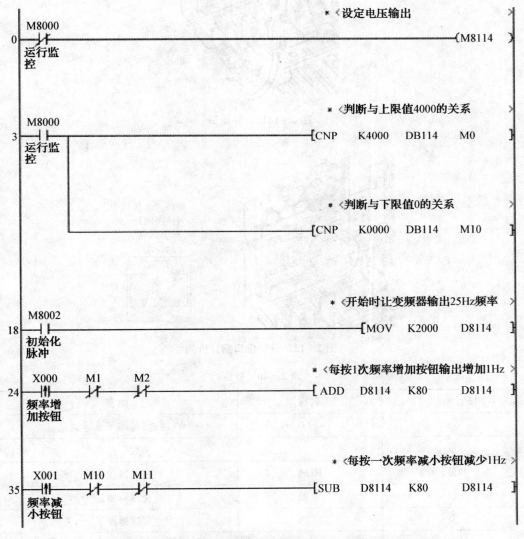

图 2-120　通过模拟量输入信号端子 2(DC0～10 V)无级调速 PLC 程序

7）RS-485 通信的硬件接线

对变频器的控制采用了 RS-485 通信的方式，故应先对 FX2N 系列 PLC 与 FR-D700 变频器 PU 接口的接线做相应的了解。

PU 接口位于变频器的底部中间稍稍偏左的位置，如图 2 - 121 所示，连线时可使用水晶头插入接口，其针脚如表 2 - 40 所示。

图 2 - 121　PU 接口

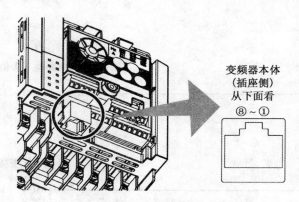

图 2 - 122　PU 接口插针排列

表 2 - 40　针脚

插针编号	名称	内容
①	SG	接地（与端子 5 导通）
②	—	参数单元电源
③	RDA	变频器接收＋
④	SDB	变频器发送－
⑤	SDA	变频器发送＋
⑥	RDB	变频器接收－
⑦	SG	接地（与端子 5 导通）
⑧	—	参数单元电源

- ②、⑧号插针为参数单元用电源。进行 RS－485 通讯时请不要使用。
- FR－D700 系列、E500 系列、S500 系列混合存在进行 RS－485 通讯的情况下,若错误连接了上述 PU 接口的②、⑧号插针(参数单元电源),可能会导致变频器无法动作或损坏。

使用 PU 接口可以通过参数单元(FR－PU07)或柜面操作面板(FR－PA07)运行或与电脑等进行通讯。连接时,请拆去变频器的前盖板。

使用连接电缆连接参数单元柜面操作面板时请使用选件 FR－CB2 或市售的接口、电缆。将连接电缆的一头插入变频器的 PU 接口,另一头插入 FR－PU07、FR－PA07 的接口,插入时请对准导槽,并切实扣紧卡扣固定。连接后,请装上变频器的前盖板。

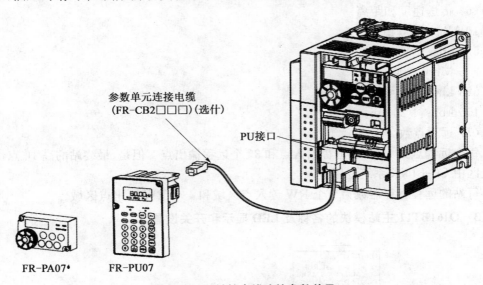

参数单元连接电缆
(FR－CB2□□□)(选什)

PU接口

FR－PA07　　FR－PU07

图 2－123　链接电缆连接参数单元

请勿连接至个人电脑的 LAN 端口、FAX 调制解调器用插口或电话用接口等。由于电气规格不一致,可能会导致变频器或对应设备的损坏。

RS－485 通讯时,PU 接口用通讯电缆连接个人电脑或 FA 等计算机,用户可以通过客户端程序对变频器进行操作、监视或读写参数。Modbus RTU 协议的情况下,也可以通过 PU 接口进行通讯。

2.4　三菱 Q 系列 PLC 与 FX 系列 PLCCC-LINK 网络通讯

2.4.1　介绍

本实训装置只和远程设备站进行 CC-LINK 通信,主站的 CC-LINK 接口模块是 QJ61BT11,从站的 CC-LINK 接口模块是 FX3U-32CCL,即以下写的说明都只是和远程设备站有关。如果想要了解更多请阅读《Q 系列 CC-LINK(主站)》手册和《FX 系列 CC-LINK》手册,概述 QJ61BT11 是控制和通信链接系统主/本地模块。

2.4.2　FX2N-32CCL 介绍

(1) 适用 PLC

FX3U-32CCL 可作为一特殊模块连接在 FX1N/FX2N/FX2NC 系列的 PLC 上。

（2）控制指令

使用 FROM/TO 指令对 FX2N-32CC 缓冲存储器进行读/写。

（3）与 CC-LINK 的连接

FX2N-32CC 作为 CC-LINK 的一个远程设备站进行连接，连线采用屏蔽双绞电缆。

（4）I/O 点数

占用 FX-PLC 中的 8 个 I/O 点数（包括输入、输出）。

（5）站号和站数

站号：1 至 64（旋转开关）；

站数：1 至 4（旋转开关）。

（6）传送速度和距离

10 Mbps：100 m；

5 Mbps：150 m；

2.5 Mbps：200 m；

625 kbps：600 m；

156 kbps：1 200 m。

（7）远程点数

每个远程点数为 32 个远程输入点和 32 个远程输出点。但是，最终站的高 16 点作为系统区由 CC-LINK 系统专用。

每站的远程寄存器数为 4 个 RW 读入点区域和 4 个 RW 写出点区域。

2.4.3 QJ61BT11 主站模块的名称及 LED 显示和开关设置

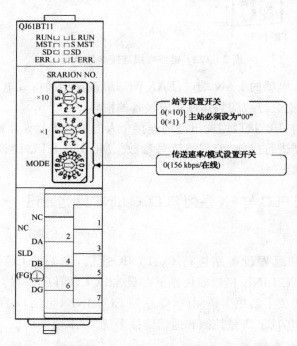

图 2－124　QJ61BT11 主站模块的名称及 LED 显示和开关设置

表 2－41　QJ61BT11 主站模块的名称及 LED 显示和开关设置

序号	名称	描述				
		LED 名称	描述		LED 状态	
					正常	出错
1	LED 指示灯 1 RUN ERR MST TEST 1 TEST 2 L RUN L ERR	RUN	ON:模块正常工作 OFF:看门狗定时器出错		ON	OFF
		ERR.	表示通过参数设置的站的通信状态 ON:通信错误出现在所有站 闪烁:通信错误出现在某些站		OFF	ON 或者闪烁
		MST	ON:设置为主站		ON	OFF
		TEST 1	测试结果指示		OFF 除了测试过程中	
		TEST 2	测试结果指示			
		L RUN	ON:数据链接开始执行(主站)		ON	OFF
		L ERR.	ON:出现通信错误(主站) 闪烁:开关(4)到(7)的设置在电源为 ON 的时候被更改		OFF	ON 或者闪烁
2	电源指示灯	POWER	ON:外界 24VDC 供电		ON	OFF
3	LED 指示灯 2 SW M/S PRM TIME LINE SD RD	E R R O R	SW	ON:开关设定出错	OFF	ON
			M/S	ON:主站在同一条线上已出现	OFF	ON
			PRM	ON:参数设定出错	OFF	ON
			TIME	ON:数据链接看门狗定时器启动(所有站出错)	OFF	ON
			LINE	ON:电缆被损坏或者传输线路受到噪音干扰等	OFF	ON
		SD	ON:数据已经被传送		ON	OFF
		RD	ON:数据已经被接收		ON	OFF
4	站号设定开关 站号 ×10 ×1	设置模块的站号。(出厂缺省设定为:00) 〈设定范围〉 00(因为 FX2N-16CCL-M 为主站专用) 如果设置为"65"或者更大的数值,"SW"和"L ERR."LED 指示灯就会变为 ON				

序号	名称	描述		
5	模式设定开关 MODE	设置模块运行状态。（出厂缺省设定为：0）		
		序号	名称	描述
		0	在线	建立连接到数据链接
		1	（不可用）	—
		2	离线	设置数据链接的断开
		3	线测试 1	—
		4	线测试 2	—
		5	参数确认测试	—
		6	硬件测试	—
		7	（不可用）	设定出错（SW LED 指示灯变为 ON）
		8	（不可用）	不可设置，内部已经使用
		9	（不可用）	不可设置，内部已经使用
		A	（不可用）	不可设置，内部已经使用
		B	（不可用）	设定出错（SW LED 指示灯变为 ON）
		C	（不可用）	设定出错（SW LED 指示灯变为 ON）
		D	（不可用）	设定出错（SW LED 指示灯变为 ON）
		E	（不可用）	设定出错（SW LED 指示灯变为 ON）
		F	（不可用）	设定出错（SW LED 指示灯变为 ON）
6	传输速度设定 B RATE 0 156 K 1 625 K 2 2.5 M 3 5 M 4 10 M	设定传输速度		
		序号	设定内容	
		0	156 kbps	
		1	625 kbps	
		2	2.5 Mbps	
		3	5 Mbps	
		4	10 Mbps	
		5	设定出错（SW 和 L EER. LED 指示灯变为 ON）	
		6	设定出错（SW 和 L EER. LED 指示灯变为 ON）	
		7	设定出错（SW 和 L EER. LED 指示灯变为 ON）	
		8	设定出错（SW 和 L EER. LED 指示灯变为 ON）	
		9	设定出错（SW 和 L EER. LED 指示灯变为 ON）	

2.4.4 FX2N-32CCL 外部尺寸和名称

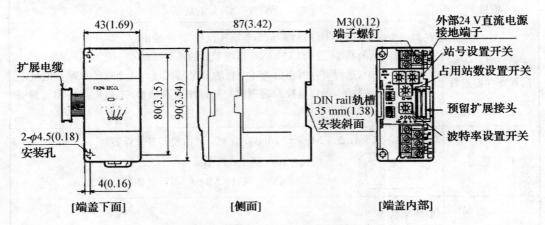

图 2–125 FX2N–32CCL 外部尺寸和名称

- POWER LED:当 PLC 主单元供给 5VDC 时点亮。
- L RUN LED:当通信正常时点亮。
- L ERR LED:当发生通信故障时点亮。
    当旋转开关设置不正确时点亮。带电情况下改变旋转开关设置会闪烁。
- RD LED:当数据收到时点亮。
- SD LED:当数据发出时点亮。

2.4.5 FX2N-32CCL 规格

表 2–42 FX2N-32CCL 的性能规格

项目	FX2N-32CCL 的规格
驱动电源	24VDC＋/－10％,50 mA(由外部端子供电)
控制电源	5VDC,130 mA(由 PC 通过扩展电缆供电)
隔离方法	网络总线和内部电源通过光耦合器隔离
站的类型	远程设备站
站号 站数	站的编号:1 至 64(由旋转开关设置) STATION NO. ×10 (10's 位) ×1 (1's 位)　　0,65 至 99:错误设置 站的数目:1 至 4(由旋转开关设置) OCCUPY STATION 　　0:1 个站　　1:2 个站 　　2:3 个站　　3:4 个站 　　4 至 9:不存在

项目	FX2N-32CCL 的规格
远程软元件点数 远程寄存器点数	在每一个站中,远程 I/O 点数为 32 个输入点和 32 个输出点; 但是,最终站的高 16 点为 CC-LINK 系统专用的系统区; 在每一个站中,远程寄存器点数为 4 个点的 RW 写区域和 4 个点的 RW 读区域; 关于在占用站数下,远程点数和远程编号的详细资料请参考"远程点数和远程编号列表"
传送速度	156 kps,625 kps,2.5 Mbps,5 Mbps,10 Mbps(由旋转开关设置) B RATE 0:156 kps 1:625 kps 2:2.5 Mbps 3:5 Mbps 4:10 Mbps 5 至 9:错误设置
最大传送距离	取决于传送速度 1)主站/本地站与相邻站的电缆长度应等于或大于 2 m,与传送速度无关; 2)当传送速度为 5 Mbps 或 10 Mbps 时,最大传送距离取决于远程 I/O 站和远程设备站之间的距离

FX-PLC 相当于一个远程设备站

传送速度	①	②
156 kps	>30 cm	1 200 m
625 kps	>30 cm	600 m
2.5 Mbps	>30 cm	200 m
5 Mbps	>60 cm	150 m
	30~59 cm	110 m
10 Mbps	>1 m	100 m
	60~99 cm	80 m
	30~59 cm	50 m

①>2 m

2.4.6 连线

如 2 - 126 图所示,使用双绞屏蔽电缆将 FX2N-32CCL 和 QJ61BT11N 连接起来。

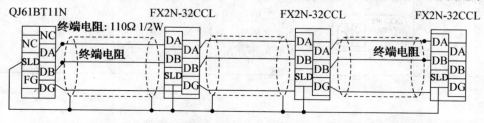

图 2 - 126 使用双绞屏蔽电缆将 FX2N-32CCL 和 QJ61BT11N 连接

（1）用双绞屏蔽电缆将各站的 DA 与 DA 端子，DB 与 DB 端子，DG 与 DG 端子进行连接。FX2N-32CCL 拥有两个 DA 端子和两个 DB 端子，其主要作用是方便连接下一个站点。

（2）将每站的 SLD 端子与双绞屏蔽电缆的屏蔽层相连。

（3）各站点的连线可从任一站点进行连接，与站编号无关。

（4）当 FX2N-32CCL 作为最终站时，在 DA 和 DB 端子站上接一个终端电阻。

2.4.7 远程点数和远程编号列表

在 FX2N-32CCL 中，远程点数由所选的点数站（1～4）决定。

每站远程点数为 32 个远程输入点和 32 个远程输出点，但是最终站的高 16 点作为系统区由 CC-LINK 系统专用。

每站的远程寄存器数为 4 个 RW 读入点区域和 4 个 RW 写出点区域。

表 2-43 远程点数和远程编号列表

站数	类型	远程输入	远程输出	写远程寄存器	读远程寄存器
1	用户区	RX00 至 RX0F（16 个点）	RY00 至 RY0F（16 个点）	RWr0 至 RWr3（4 个点）	RWw0 至 RWw3（4 个点）
	系统区	RX10 至 RX1F（16 个点）	RY10 至 RY1F（16 个点）	—	—
2	用户区	RX00 至 RX2F（48 个点）	RY00 至 RY2F（48 个点）	RWr0 至 RWr7（8 个点）	RWw0 至 RWw7（8 个点）
	系统区	RX30 至 RX3F（16 个点）	RY30 至 RY3F（16 个点）	—	—
3	用户区	RX00 至 RX4F（80 个点）	RY00 至 RY4F（80 个点）	RWr0 至 RWrB（12 个点）	RWw0 至 RWwB（12 个点）
	系统区	RX50 至 RX5F（16 个点）	RY50 至 RY5F（16 个点）	—	—
4	用户区	RX00 至 RX6F（112 个点）	RY00 至 RY6F（112 个点）	RWr0 至 RWrF（16 个点）	RWw0 至 RWwF（16 个点）
	系统区	RX70 至 RX7F（16 个点）	RY70 至 RY7F（16 个点）	—	—

2.4.8 缓冲存储器（BFM）的分配

FX2N-32CCL 接口模块通过由 16 位 RAM 存储支持的内置缓冲存储器（BFM）在 FX-PLC 与 CC-LINK 系统主站之间的数据传送。缓冲存储器由专用写存储器和专用读存储器组成。编号 0～31 被分别分配给每一种缓冲存储器。

通过 TO 指令，FX-PLC 可将数据从 FX-PLC 写入专用写存储器，然后将数据传送给主站。

通过 FROM 指令，FX-PLC 可从专用读存储器中将主站传来的数据读出传输到

FX-PLC。

1）专用读缓冲存储器（BFM）的详细介绍：（见表 2-44）

表 2-44　读专用 BFM 编号及说明

BFM 编号	说明	BFM 编号	说明
#0	远程输出 RY00～RY0F（设定站）	#16	远程寄存器 RWw8（设定站+2）
#1	远程输出 RY10～RY1F（设定站）	#17	远程寄存器 RWw9（设定站+2）
#2	远程输出 RY20～RY2F（设定站+1）	#18	远程寄存器 RWwA（设定站+2）
#3	远程输出 RY30～RY3F（设定站+1）	#19	远程寄存器 RWwB（设定站+2）
#4	远程输出 RY40～RY4F（设定站+2）	#20	远程寄存器 RWwC（设定站+3）
#5	远程输出 RY50～RY5F（设定站+2）	#21	远程寄存器 RWwD（设定站+3）
#6	远程输出 RY60～RY6F（设定站+3）	#22	远程寄存器 RWwE（设定站+3）
#7	远程输出 RY70～RY7F（设定站+3）	#23	远程寄存器 RWwF（设定站+3）
#8	远程寄存器 RWw0（设定站）	#24	波特率设定值
#9	远程寄存器 RWw1（设定站）	#25	通信状态
#10	远程寄存器 RWw2（设定站）	#26	CC-LINK 模块代码
#11	远程寄存器 RWw3（设定站）	#27	本站的编号
#12	远程寄存器 RWw4（设定站+1）	#28	占用站数
#13	远程寄存器 RWw5（设定站+1）	#29	出错代码
#14	远程寄存器 RWw6（设定站+1）	#30	FX 系列模块代码（K7040）
#15	远程寄存器 RWw7（设定站+1）	#31	保留

【BFM#0～#7（远程输出 RY00～RY7F）】

16 个远程输出点 RY_0～RY_F 被分配给由 16 位组成的每个缓冲存储器的 b0～b15 位。每位的 ON/OFF 状态信息表示主单元读取 FX2N-32CCL 的远程输出内容。FX-PLC 通过 FROM 指令将这些信息读入 PLC。

在 FX2N-32CCL 中，远程输出的点数范围（RY00～RY7F）取决于选择的站数（1～4）。最终站的高 16 点作为系统区由 CC-LINK 系统专用，不可作为用户区使用。

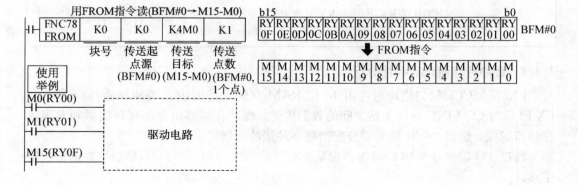

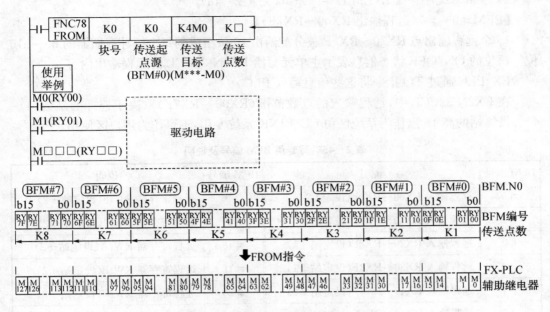

图 2-127 远程输出 RY00-RY7F

【BFM♯8～♯23(远程寄存器 RWr0～RWrF)】

为每个缓冲存储器 RWr0～RWrF 指向分配一个编号为 RWr0 到 RWrF 的远程寄存器。这里缓冲存储器里存有的信息是主单元读取 FX2N-32CCL 有关远程寄存器里的内容。

FX-PLC 通过 FROM 指令将这些信息读进 PLC 的位或字元件。

在 FX2N-32CCL 中,远程寄存器(RWr0～RWrF)取决于选择的站数(1～4)。

以将 BFM♯8～BFM♯23 的内容读到 FX-PLC 的 D0～D15 为例。

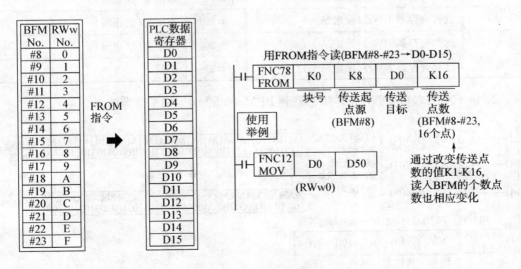

图 2-128 远程寄存器 RWr0～RWrF

2) 专用写缓冲存储器(BFM)详细介绍(见表 2 - 45)

【BFM♯0～♯7(远程输出 RX00～RX7F)】

16 个远程输出点 RX_0～RX_F 被分配给由 16 位组成的每个缓冲存储器的 b0～b15 位。每位的 ON/OFF 状态信息表示主单元写给 FX2N-32CCL 的远程输出内容。FX_PLC 通过 TO 指令将这些信息写入 PLC。

在 FX2N-32CCL 中,远程输入的点数范围(RX00～RX7F)取决于选择的站数(1～4)。最终站的高 16 点作为系统区由 CC_LINK 系统专用,不可作为用户区使用。

表 2 - 45　写专用 BFM 编号及说明

BFM 编号	说明	BFM 编号	说明
♯0	远程输入 RX00～RX0F(设定站)	♯16	远程寄存器 RWr8(设定站＋2)
♯1	远程输入 RX10～RX1F(设定站)	♯17	远程寄存器 RWr9(设定站＋2)
♯2	远程输入 RX20～RX2F(设定站＋1)	♯18	远程寄存器 RWrA(设定站＋2)
♯3	远程输入 RX30～RX3F(设定站＋1)	♯19	远程寄存器 RWrB(设定站＋2)
♯4	远程输入 RX40～RX4F(设定站＋2)	♯20	远程寄存器 RWrC(设定站＋3)
♯5	远程输入 RX50～RX5F(设定站＋2)	♯21	远程寄存器 RWrD(设定站＋3)
♯6	远程输入 RX60～RX6F(设定站＋3)	♯22	远程寄存器 RWrE(设定站＋3)
♯7	远程输入 RX70～RX7F(设定站＋3)	♯23	远程寄存器 RWrF(设定站＋3)
♯8	远程寄存器 RWr0(设定站)	♯24	未定义(禁止写)
♯9	远程寄存器 RWr1(设定站)	♯25	未定义(禁止写)
♯10	远程寄存器 RWr2(设定站)	♯26	未定义(禁止写)
♯11	远程寄存器 RWr3(设定站)	♯27	未定义(禁止写)
♯12	远程寄存器 RWr4(设定站＋1)	♯28	未定义(禁止写)
♯13	远程寄存器 RWr5(设定站＋1)	♯29	未定义(禁止写)
♯14	远程寄存器 RWr6(设定站＋1)	♯30	未定义(禁止写)
♯15	远程寄存器 RWr7(设定站＋1)	♯31	保留

以将 FX-PLC 的 ON/OFF 状态送到 BFM♯0 的 b0～b15 位为例。

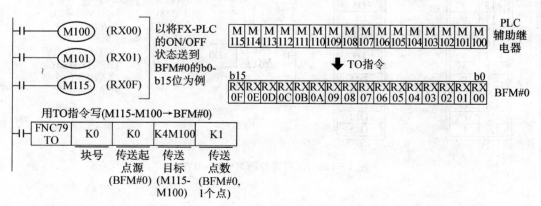

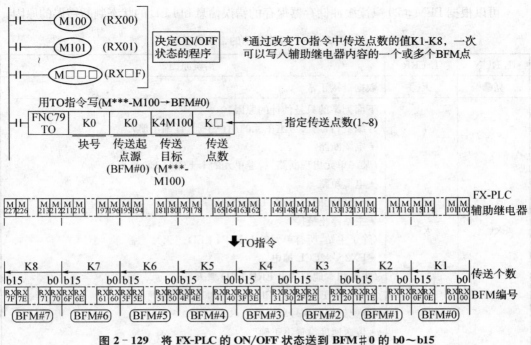

图 2 - 129　将 FX-PLC 的 ON/OFF 状态送到 BFM♯0 的 b0～b15

【BFM♯～♯23(远程寄存器 RWr0～RWrF)】

为每个缓冲存储器 RWr0～RWrF 指向分配一个编号为 RWr0 到 RWrF 远程寄存器。这里缓冲存储器里存有的信息是主单元写进 FX2N-32CCL 有关远程寄存器里的内容。

FX-PLC 通过 TO 指令将这些信息写进 PLC 的位或字元件。

在 FX2N-32CCL 中,远程寄存器(RWr0～RWrF)取决于选择的站数(1～4)。

以将 FX-PLC 的 D100～D115 内容写到 BFM♯8～BFM♯23 为例。

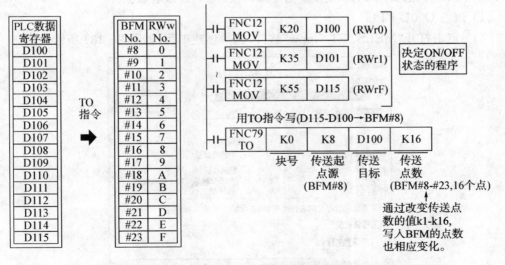

图 2 - 130　将 FX-PLC 的 D100～D115 内容写到 BFM♯8～BFM♯23

2.4.9　错误情况

表 2 - 46 列出了由 FX2N-32CC-LINK 上的 LED 指示灯表示的错误情况内容。

可以根据 BFM♯29 只读缓冲储存器保存的错误信息和 LED 的状态判断错误的原因。

表 2 - 46　LED 指示的错误情况

L RUN	L ERR	错误原因
亮●	灭○	数据链接正常。
灭○	灭○	下面列举的只是估计的原因。 详细资料,请参考主单元的用户手册(详细手册)。 • 电缆断路 (某一单元出现断路,后继单元的 L ERR LED 熄灭) • 电缆短路 (所有单元的 L RUN LED 熄灭) • 主站停止链接 (除了主站,所有单元的 L RUN LED 熄灭) • FX2N-32CCL 掉电 (主站和本地站的 L ERR LED 熄灭) • 分配给 FX2N-32CCL 的站号和其他站相同 (分配到相同编号单元的 L RUN LED 熄灭) • 传送速度设置不正确 • FX2N-32CCL 没有设定参数
灭○	亮●	在站号设置开关设置在不允许的值时起动单元
灭○	闪烁★	在数据链接时改变站号设置开关或传送速度设置开关

2.4.10　FX2N-32CC-Link 实训步骤

三菱 Q 系列 PLC 和 FX 系列 PLC 要进行通信需要在 Q 系列 PLC 里进行组态,而在 FX 系列 PLC 只需要用 FROM/TO 指令即可读/写 I/O 或者数据。

1) 组态 Q00U CPU

(1) 点击打开"MELSOFT Gppw"软件,选择创建工程,如图 2 - 131 所示。

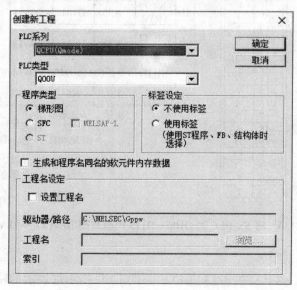

图 2 - 131　创建工程

（2）单击组态"网络参数"选择 CC-Link，如图 2 - 132 所示。

图 2 - 132 "网络参数"选择 CC-Link

（3）组态"网络参数"里的数值，如图 2 - 133 所示。

模块数	1 块	空白:未设置			
		1	2	3	4
起始I/O号		0020			
动作设置		操作设置			
类型		主站			
数据链接类型		主站CPU参数自动启动			
模式设置		远程网络Ver.1模式			
总连接个数		3			
远程输入(RX)刷新软元件		M0			
远程输出(RY)刷新软元件		M128			
远程寄存器(RWr)刷新软元件		D0			
远程寄存器(RWw)刷新软元件		D100			
Ver.2远程输入(RX)刷新软元件					
Ver.2远程输出(RY)刷新软元件					
Ver.2远程寄存器(RWr)刷新软元件					
Ver.2远程寄存器(RWw)刷新软元件					
特殊继电器(SB)刷新软元件					
特殊寄存器(SW)刷新软元件					
重试次数		3			
自动恢复个数		1			
待机主站号					
CPU宕机指定		停止			
扫描模式指定		异步			
延迟时间设置		0			
站信息设置		站信息			
远程设备站初始设置		初始设置			
中断设置		中断设置			

图 2 - 133 "网络参数"的数值

其中组态"站信息设置"里的"站信息"如图 2 - 134 所示，最后单击"检查"确认无误后单击"结束设置"。

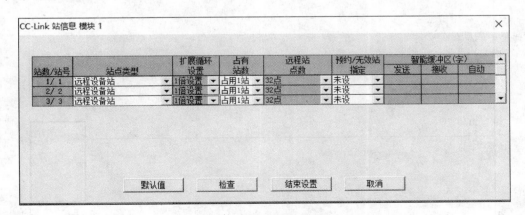

图 2 - 134 "站信息"模块

（4）"网络设置"组态完成后，在单击"检查"确认无误后单击"结束设置"，这样 PLC

141

的通信组态就完成了,然后点击下载,如图 2 - 135 所示。

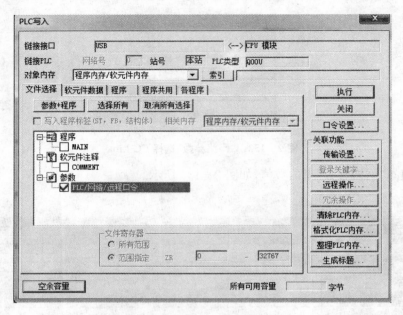

图 2 - 135　PLC 写入界面

2) 编写程序

(1) 上述已经分配好 I/O,即可以根据任务里的要求来编写程序。编写的三菱 Q 系列 PLC 程序如图 2 - 136 所示。

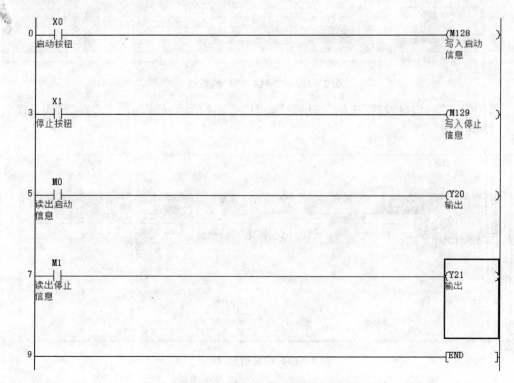

图 2 - 136　Q 系列 PLC 程序

（2）编写的 FX-PLC 的程序如图 2-137 所示。

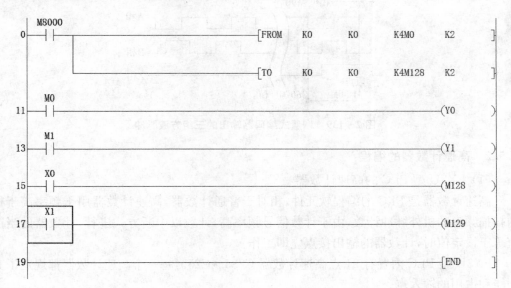

图 2-137 FX-PLC 程序

2.5 编码器的使用与认识

2.5.1 旋转编码器概述

旋转编码器是通过光电转换，将输出至轴上的机械、几何位移量转换成脉冲或数字信号的传感器，主要用于速度或位置（角度）的检测。典型的旋转编码器是由光栅盘和光电检测装置组成。光栅盘是在一定直径的圆板上等分地开通若干个长方形狭缝。由于光电码盘与电动机同轴，电动机旋转时，光栅盘与电动机同速旋转，经发光二极管等电子元件组成的检测装置检测输出若干脉冲信号，其原理示意图如图 2-138 所示。通过计算每秒旋转编码器输出脉冲的个数就能反映当前电动机的转速。

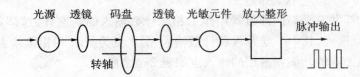

图 2-138 旋转编码器原理示意图

一般来说，根据旋转编码器产生脉冲方式的不同，可以分为增量式、绝对式以及复合式三大类。增量式编码器是直接利用光电转换原理输出三组方波脉冲 A、B 和 Z 相；A、B 两脉冲相位差 90°，用于辨向：当 A 相脉冲超前 B 相时为正转方向，而当 B 相脉冲超前 A 相时则为反转方向。Z 相为每转一个脉冲，用于基准点定位，如图 2-139 所示。

使用了这种具有 A、B 两相 90°相位差的通用型旋转编码器，用于计算小车在丝杆上的位置。编码器直接连接到丝杆上。该旋转编码器的三相脉冲采用互补输出，输出脉冲为 1000P/R，工作电源 DC12~24 V。

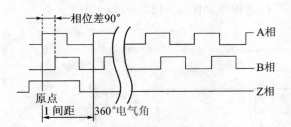

图 2 - 139　增量式编码器输出的三组方波脉冲

2.5.2　高速计数器的编程：

（1）FX3U 型 PLC 的高速计数器

高速计数器是 PLC 的编程软元件，相对于普通计数器，高速计数器用于频率高于机内扫描频率的机外脉冲计数，由于计数信号频率高，计数以中断方式进行，计数器的当前值等于设定值时，计数器的输出接点立即工作。

FX3U 型 PLC 内置有 21 点高速计数器 C235～C255，每一个高速计数器都规定了其功能和占用的输入点。

①高速计数器的功能分配如下：

C235～C245 共 11 个高速计数器用作一相一计数输入的高速计数，即每一计数器占用 1 点高速计数输入，计数方向可以是增序或者减序计数，取决于对应的特殊辅助继电器 M8□□□的状态。例如 C245 占用 X002 作为高速计数输入点，当对应的特殊辅助继电器 M8245 被置位时，作增序计数。C245 还占用 X003 和 X007 分别作为该计数器的外部复位和置位输入端。

C246～C250 共 5 个高速计数器用作一相二计数输入的高速计数，即每一计数器占用 275 点高速计数输入，其中 1 点为增计数输入，另一点为减计数输入。例如 C250 占用 X003 作为增计数输入，占用 X004 作为减计数输入，另外占用 X005 作为外部复位输入端，占用 X007 作为外部置位输入端。同样，计数器的计数方向也可以通过编程对应的特殊辅助继电器 M8□□□状态指定。

C251～C255 共 5 个高速计数器用作二相二计数输入的高速计数，即每一计数器占用 2 点高速计数输入，其中 1 点为 A 相计数输入，另 1 点为与 A 相相位差 90°的 B 相计数输入。C251～C255 的功能和占用的输入点如表 2 - 47 所示。

表 2 - 47　高速计数器 C251～C255 的功能和占用的输入点

	X000	X001	X002	X003	X004	X005	X006	X007
C251	A	B						
C252	A	B	R					
C253				A	B	R		
C254	A	B	R				S	
C255				A	B	R		S

如前所述，若高速计数表使用的是具有 A、B 两相相位差 90°通用型旋转编码器，且 Z

相脉冲信号没有使用,则表 2－47 可选用高速计数器 C251。这时编码器的 A、B 两相脉冲输出应连接到 X000 和 X001 点。

②每一个高速计数器都规定了不同的输入点,但所有的高速计数器的输入点都在 X000～X007 范围内,并且这些输入点不能重复使用。例如,使用了 C251,因为 X000、X001 被占用,所以规定为占用这两个输入点的其他高速计数器,例如 C252、C254 等都不能使用。

（2）高速计数器的编程

如果外部高速计数源（旋转编码器输出）已经连接到 PLC 的输入端,那么在程序中就可直接使用相对应的高速计数器进行计数。例如,在图 2－140 中,设定 C255 的设置值为 100,当 C255 的当前值等于 100 时,计数器的输出接点立即工作。从而控制相应的输出 Y010　ON。由于中断方式计数,且当前值＝预置值时,计数器会及时动作,但实际输出信号却依赖于扫描周期。

图 2－140　高速计数器的编程示例

如果希望计数器动作时就立即输出信号,就要采用中断工作方式,使用高速计数器的专用指令,FX3U 型 PLC 高速处理指令中有 3 条是关于高速计数器的,都是 32 位指令。

2.6　台达交流伺服电机的位置控制与认识

2.6.1　台达交流伺服的概述

本书将对台达 ECMA-C30604PS 永磁同步交流伺服电机及 ASD-B2-0421-B 全数字交流永磁同步伺服驱动装置进行介绍。

ECMA-C30604PS 的含义:

ECM 表示电机类型为电子换相式,C 表示电压及转速规格为 220 V/3 000 rpm,3 表示编码器为增量式编码器,分辨率 2 500 ppr,输出信号线数为 5 根线,04 表示电机的额定功率为 400 W。

ASD-B20421 的含义:

ASD-B2 表示台达 B2 系列驱动器,04 表示额定输出功率为 400 W,21 表示电源电压规格及相数为单相 220 V,驱动器的外观和面板如图 2－141 所示。

电源指示灯:
若指示灯亮,表示此时
P_BUS尚有高电压

控制回路电源:
L1c、L2c供给单相100~
230 V AC, 50/60 Hz电源

主控制回路电源:
R、S、T连接在商用电源
AC 200-230 V 50/60 Hz

伺服电机输出:
与电机电源接头U、V、
W连接,不可与主回路
电源连接,连接错误时
易造成驱动器损毁

内外部回生电阻:
1) 使用外部回生电阻
时,P、C端接电阻,
P、D端开路
2) 使用内部回生电阻
时,P、C端开路,
P、D端需短路

散热座:
固定伺服器及散热之用

显示部:
由5位数七段LED显示
伺服状态或异警

操作部:
操作状态有功能、参数,监控的设定
MODE: 模式的状态输入设定
SHIFT: 左移键
UP: 显示部分的内容加一
DOWN: 显示部分的内容减一
SET: 确认设定键

控制连接器:
与可编程序控制器(PLC)
或是控制I/O连接

编码器连接器:
连接伺服电机检测器
(Encoder)的连接器

RS-485 & RS-232
连接器:
个人电脑或控制器连接

接地端

图 2-141　伺服驱动器的面板图

2.6.2　控制模式

驱动器提供位置、速度、扭矩三种基本操作模式,可以用单一控制模式,即固定在一种模式控制,也可选择用混合模式来进行控制,每一种模式分两种情况,所以总共有11种控制模式,表2-48列出了所有的操作模式与说明。

表 2-48　伺服驱动器控制模式

模式名称		模式代号	模式码	说明
单一模式	位置模式（端子输入）	Pt	00	驱动器接受位置命令,控制电机至目标位置。位置命令由端子输入,信号形态为脉冲
	位置模式（内部寄存器输入）	Pr	01	驱动器接受位置命令,控制电机至目标位置。位置命令由内部寄存器提供（共八组寄存器）,可利用 DI 信号选择寄存器编号

续表 2-48

模式名称		模式代号	模式码	说明
单一模式	速度模式	S	02	驱动器接受速度命令,控制电机至目标转速。速度命令可由内部寄存器提供(共三组寄存器),或由外部端子输入模拟电压(−10 V~+10 V)。命令的选择是根据 DI 信号来选择
	速度模式(无模拟输入)	Sz	04	驱动器接受速度命令,控制电机至目标转速。速度命令仅可由内部寄存器提供(共三组寄存器),无法由外部端子提供。命令的选择是根据 DI 信号来选择
	扭矩模式	T	03	驱动器接受扭矩命令,控制电机至目标扭矩。扭矩命令可由内部寄存器提供(共三组寄存器),或由外部端子输入模拟电压(−10 V~+10 V)。命令的选择是根据 DI 信号来选择
	扭矩模式(无模拟输入)	Tz	05	驱动器接受扭矩命令,控制电机至目标扭矩。扭矩命令仅可由内部寄存器提供(共三组寄存器),无法由外部端子提供。命令的选择是根据 DI 信号来选择
混合模式		Pt-S	06	Pt 与 S 可通过 DI 信号切换
		Pt-T	07	Pt 与 T 可通过 DI 信号切换
		Pr-S	08	Pr 与 S 可通过 DI 信号切换
		Pr-T	09	Pr 与 T 可通过 DI 信号切换
		S-T	10	S 与 T 可通过 DI 信号切换

2.6.3 参数设置方式操作说明

ASD-B2 伺服驱动器的参数共有 187 个,P0-xx,P1-xx,P2-xx,P3-xx,P4-xx,可以在驱动器的面板上进行设置,面板各部分名称如图 2-142 所示,各个按钮的说明如表 2-49 所示。

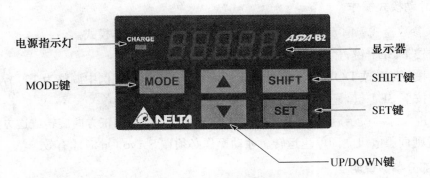

图 2-142 面板各部分名称

表 2 - 49　伺服驱动器面板按钮的说明

名称	功能
显示器	五组七段显示器用于显示监控值、参数值及设定值
电源指示灯	主电源回路电容量的充电显示
MODE 键	进入参数模式或脱离参数模式及设定模式
SHIFT 键	参数模式下可改变群组码。设定模式下闪烁字符左移可用于修正较高的设定字符值
UP 键	变更监控码、参数码或设定值
DOWN 键	变更监控码、参数码或设定值
SET 键	显示及储存设定值

2.6.4　面板操作说明

（1）驱动器电源接通时，显示器会先持续显示监控显示符号约 1 s，然后才进入监控显示模式。

（2）在监控模式下若按下 UP 或 DOWN 键可切换监控参数。此时监控显示符号会持续显示约 1 s。

（3）在监控模式下若按下 MODE 键可进入参数模式。按下 SHIFT 键时可切换群组码。UP/DOWN 键可变更后两位字符参数码。

（4）在参数模式下按下 SET 键，系统立即进入设定模式。显示器同时会显示此参数对应的设定值。此时可利用 UP/DOWN 键修改参数值或按下 MODE 键脱离设定模式并回到参数模式。

（5）在设定模式下可按下 SHIFT 键使闪烁字符左移，再利用 UP/DOWN 快速修正较高的设定字符值。

（6）设定值修正完毕后按下 SET 键，即可进行参数储存或执行命令。

（7）完成参数设定后显示器会显示结束代码「—END—」，并自动回复到监控模式。

2.6.5　寸动模式操作

进入参数模式 P4-05 后，可按下列设定方式进行寸动操作模式。

（1）按下 SET 键，显示寸动速度值，初值为 20 r/min。

（2）按下 UP 或 DOWN 键来修正希望的寸动速度值。范例中调整为 100 r/min。

（3）按下 SET 键，显示 JOG 并进入寸动模式。

（4）进入寸动模示后按下 UP 或 DOWN 键使伺服电机朝正方向旋转或逆方向旋转，放开按键则伺服电机立即停止运转。寸动操作必须在 Servo On 时才有效。

2.6.6　部分参数说明

伺服驱动装置工作于位置控制模式，FX3U-32MT 的 Y0 输出脉冲作为伺服驱动器的位置指令，脉冲的数量决定伺服电机的旋转位移，脉冲的频率决定了伺服电机的旋转速度。FX3U-32MT 的 Y1 输出信号作为伺服驱动器的方向指令,对于控制要求较为简单,伺服驱动器可采用自动增益调整模式。根据上述要求,伺服驱动器参数设置如表 2-50。

表 2-50 伺服参数设置表格

序号	参数		设置数值	功能和含义
	参数编号	参数名称		
1	P0-02	LED 初始状态	00	显示电机反馈脉冲数
2	P1-00	外部脉冲列指令输入形式设定	2	2:脉冲列"+"符号
3	P1-01	控制模式及控制命令输入源设定	00	位置控制模式(相关代码 Pt)
4	P1-44	电子齿轮比分子(N)	1	指令脉冲输入比值设定 $$\frac{\text{指令脉冲输入}}{f1} \rightarrow \boxed{\frac{N}{M}} \rightarrow \frac{\text{位置指令}}{f2} \rightarrow f2 = f1 \times \frac{N}{M}$$ 指令脉冲输入比值范围:$1/50 < N/M < 200$
5	P1-45	电子齿轮比分母(M)	1	当 P1-44 分子设置为"1",P1-45 分母设置为"1"时,脉冲数为 10 000 一周脉冲数$=\dfrac{\text{P1-44 分子}=1}{\text{P1-45 分母}=1} \times 10\,000 = 10\,000$
6	P2-00	位置控制比例增益	35	位置控制增益值加大时,可提升位置应答性及缩小位置控制误差量。但若设定太大时易产生振动及噪音
7	P2-02	位置控制前馈增益	5000	位置控制命令平滑变动时,增益值加大可改善位置跟随误差量。若位置控制命令不平滑变动时,降低增益值可降低机构的运转振动现象
8	P2-08	特殊参数输入	0	10:参数复位

注:其他参数的说明及设置请参看台达 ASD-B2-0421-B 系列伺服电机、驱动器使用说明书。

2.6.7 伺服驱动接线

伺服模块,根据需要引出了一些端口,完成基本控制功能时,可以按图 2-143 所示(参考)接线。

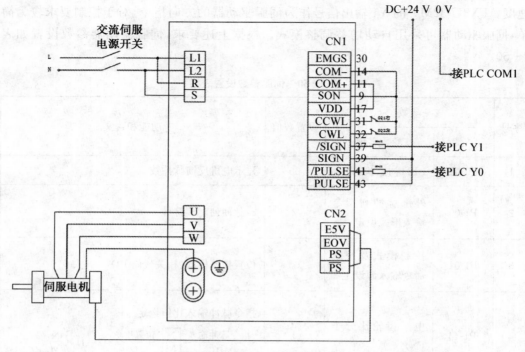

图 2 - 143　伺服驱动接线

注意：

（1）当电源切断时，因为驱动器内部大电容含有大量的电荷，请不要接触 R、S、T 及 U、V、W 这 6 条大电力线。请等待充电灯熄灭时，方可接触。

（2）设定伺服驱动器参数 P2-08 为 10 时，可以将参数恢复初始值，但是要先断开信号线 SON。

（3）参数在初始值时，伺服电动机接收 10 000 个脉冲信号转动一圈，可通过修改参数 P1-44、P1-45 设置伺服电动机转动一圈所需的脉冲数。

2.6.8　伺服电机位置控制

使伺服电机在频率为 2 000 Hz 时旋转 2 周自动停止实验的梯形图如图 2 - 144 所示。

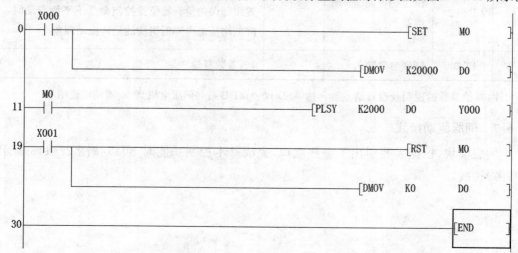

图 2 - 144　实验梯形图

2.6.9　驱动器异警排除

（1）驱动器异警一览表

表 2-51　驱动器异警一览表

异警表示	异警名称	异警动作内容	指示 DO	伺服状态切换
AL001	过电流	主环电流值超越电机瞬间最大电流值1.5 倍时动作	ALM	Servo Off
AL002	过电压	主环电压值高于规格值时动作	ALM	Servo Off
AL003	低电压	主环电压值低于规格电压时动作	WARN	Servo Off
AL004	电机匹配异常	驱动器所对应的电机不对	ALM	Servo Off
AL005	回生错误	回生错误时动作	ALM	Servo Off
AL006	过负荷	电机及驱动器过负荷时动作	ALM	Servo Off
AL007	过速度	电机控制速度超过正常速度过大时动作	ALM	Servo Off
AL008	异常脉冲控制命令	脉冲命令的输入频率超过硬件接口容许值时动作	ALM	Servo Off
AL009	位置控制误差过大	位置控制误差量大于设定容许值时动作	ALM	Servo Off
AL011	位置检出器异常	位置检出器产生脉冲信号异常时动作	ALM	Servo Off
AL012	校正异常	执行电气校正时校正值超越容许值时动作	ALM	Servo Off
AL013	紧急停止	紧急按钮按下时动作	WARN	Servo Off
AL014	反向极限异常	逆向极限开关被按下时动作	WARN	Servo On
AL015	正向极限异常	正向极限开关被按下时动作	WARN	Servo On
AL016	IGBT 过热	IGBT 温度过高时动作	ALM	Servo Off
AL017	参数内存异常	内在(EE-PROM)存取异常时动作	ALM	Servo Off
AL018	检出器输出异常	检出器输出高于额定输出频率	ALM	Servo Off
AL019	串行通信异常	RS-232/485 通信异常时动作	ALM	Servo Off
AL020	串行通信超时	RS-232/485 通信超时时动作	WARN	Servo On
AL022	主环电源缺相	主环电源缺相仅单相输入	WARN	Servo Off
AL023	预先过负载警告	预先过负载警告	WARN	Servo On
AL024	编码器初始磁场错误	编码器磁场位置 UVW 错误	ALM	Servo Off
AL025	编码器内部错误	编码器内部存储器异常,内部计数器异常	ALM	Servo Off

异警表示	异警名称	异警动作内容	指示 DO	伺服状态切换
AL026	编码器内部数据可靠度错误	内部数据连续三次异常	ALM	Servo Off
AL027	电机内部错误	编码器内部重置错误	ALM	Servo Off
AL028	电机内部错误	编码器内部 UVW 错误	ALM	Servo Off
AL029	电机内部错误	编码器内部地址错误	ALM	Servo Off
AL030	电机碰撞错误	当电机撞击硬设备,达到 P1-57 的扭矩设定在经过 P1-58 的设定时间	ALM	Servo Off
AL031	电机 U,V,W 接线错误或断线	电机 Power Line U,V,W,GND 接线错误或断线	ALM	Servo Off
AL035	温度超过保护上限	Encoder 温度超过上限值	ALM	Servo Off
AL048	检出器多次输出异常	因编码器错误或检出脉冲超过硬件容许范围	ALM	Servo Off
AL067	温度警告	Encoder 温度超过警戒值,但尚在温度保护上限值内	ALM	Servo Off
AL083	驱动器输出电流过大	在一般操作情况下若发生驱动器输出电流超过韧体内部限制准位时,触发 ALE083 以保护 IGBT 不会因为过大电流发热烧毁	ALM	Servo Off
AL085	回生异常	回生控制作动异常时动作	ALM	Servo Off
AL099	DSP 韧体升级	韧体版本升级后,尚未执行 EE-PROM 重整,执行 P2-08＝30,28 后重新送电即可	WARN	Servo On
AL555	系统故障	驱动器处理器异常	无	不切换
AL880	系统故障	驱动器处理器异常	无	不切换

（2）发生异常后解决异警的方法

表 2-52　解决异警的方法

异警表示及名称	解决方法
AL001:过电流	需 DI:ARST 清除
AL002:过电压	需 DI:ARST 清除
AL003:低电压	电压回复自动清除
AL004:电机磁场位置异常	重上电清除

续表 2-52

异警表示及名称	解决方法
AL005：回生错误	需 DI：ARST 清除
AL006：过负荷	需 DI：ARST 清除
AL007：过速度	需 DI：ARST 清除
AL008：异常脉冲控制命令	需 DI：ARST 清除
AL009：位置控制误差过大	需 DI：ARST 清除
AL011：位置检出器异常	重上电清除
AL012：校正异常	移除 CN1 接线并执行自动更正后清除
AL013：紧急停止	DI EMGS 解除自动清除
AL014：反向极限异常	需 DI：ARST 清除或 Servo Off 清除或脱离后自动清除
AL015：正向极限异常	需 DI：ARST 清除或 Servo Off 清除或脱离后自动清除
AL016：IGBT 过热	需 DI：ARST 清除
AL017：参数内存异常	若开机即发生，则必须做参数重置，再重新送电！若运转中发生，则用 DI ARST 清除
AL018：检出器输出异常	需 DI：ARST 清除
AL019：串行通信异常	需 DI：ARST 清除
AL020：串行通信超时	需 DI：ARST 清除
AL022：主环电源缺相	需 DI：ARST 清除
AL023：预先过负载警告	需 DI：ARST 清除
AL024：编码器初始磁场错误	重上电清除
AL025：编码器内部错误	重上电清除
AL026：编码器内部数据可靠度错误	重上电清除
AL027：电机内部错误	重上电清除
AL028：电机内部错误	重上电清除
AL029：电机内部错误	重上电清除
AL030：电机碰撞错误	需 DI：ARST 清除
AL031：电机 U，V，W，接线错误或断线	重上电清除
AL035：温度超过保护上限	重上电清除
AL048：检出器多次输出异常	需 DI：ARST 清除
AL067：温度警告	电机温度回复自动清除
AL083：驱动器输出电流过大	需 DI 0x02：ARST 清除
AL085：回生错误	需 DI：ARST 清除
AL099：DSP 韧体升级	执行 P2-08＝30,28 后重新送电即可
AL555：系统故障	无
AL880：系统故障	无

2.7 三相混合式步进电机的开环位置控制与认识

2.7.1 接线图

如图 2-145 所示。

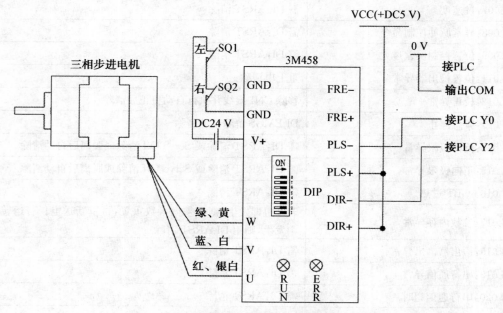

图 2-145 三相混合式步进电机的开环位置控制

(1) 调节驱动器的最大输出电流为 5.8 A(说明:电流的调节查看驱动器面板丝印上的白色方块对应开关的实际位置);

(2) 调节驱动器的细分为"1";

(3) 接通电源,给 PLC(控制机)灌写如下程序(图 2-146)。

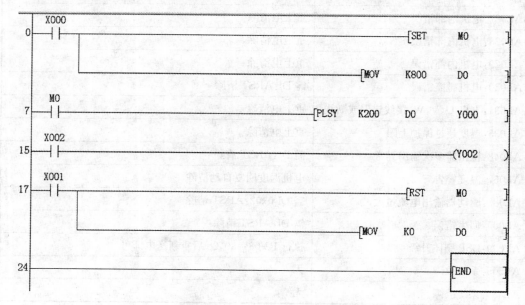

图 2-146 给 PLC 灌写程序

2.7.2 梯形图解释

当控制机的控制端 X0 闭合时,PLC 给步进电机驱动器发射 800 脉冲,电机正好转 2 周停止。

控制端 X2 是控制步进电机的旋转方向,控制端 X1 是复位 PLC 给驱动器发射脉冲。

2.8 昆仑通泰触摸屏实训

2.8.1 三菱_FX 系列编程口设备简介(RS232)

本驱动构件用于 MCGS 软件通过三菱 FX 系列 PLC 编程口,读取三菱_FX 系列 PLC 设备的各种寄存器的数据,可支持 FX0N、FX1N、FX2N、FX1S、FX3U 等型号的 PLC,通信协议采用三菱 FX 编程口专有协议。

1) MCGS 软件设置

表 2-53 父设备设置

参数项	推荐设置	可选设置	注意事项
串口端口号	COM1	COM1/COM2/COM3/COM4	支持 RS232 通信
通信波特率	9600	9600	此协议通信波特率固定为 9600
数据位位数	7	7	此协议数据位固定为 7
停止位位数	1	1	此协议停止位固定为 1
数据校验方式	偶校验	偶校验	此协议数据校验固定为偶校验

表 2-54 子设备设置

参数项	推荐设置	可选设置	注意事项
设备地址	0	0~15	必须与 PLC 通信口设定相同
通信等待时间	200	正整数	当采集数据量较大时,设置值可适当增大
PLC 类型	FX0N	FX0N/FX1N/FX2N/FX1S/FX3U	必须与实际 PLC 类型一致

注意:PLC 类型中,如果选择 PLC 型号不正确,可能导致无法正常通信,使用时需注意。

2) 设备地址范围

表 2-55 设备地址范围

寄存器类型	可操作范围	表示方式	说明
X	0~0377	OOOO	输入寄存器
Y	0~0377	OOOO	输出寄存器
M	0~8511	DDDD	辅助寄存器
S	0~4095	DDDD	状态寄存器
T	0~0511	DDDD	定时器触点
C	0~0255	DDDD	计数器触点
D	0~8511	DDDD	数据寄存器
TN	0~0511	DDDD	定时器值
CN	0~0255	DDDD	计数器值

说明:D 表示十进制,O 表示八进制(范围为 0~7)。

2.8.2 RS232 通信连接方式及详细接线图

（1）采用标准三菱 SC-09 的 RS232 口的编程电缆与 PLC 编程口或 422-BD 通信模块通信。采用自制三菱 FX 编程电缆与 PLC 编程口或 422-BD 通信模块通信，电缆接线如图 2‒147：

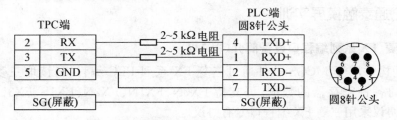

图 2‒147　FX 编程电缆与 PLC 编程口通信电缆接线图

三菱 FX 自制编程电缆说明：

①此电缆适用所有的 FX 系列 PLC，但建议用户使用 SC-09 编程电缆。

②RS232、RS422 均是全双工通信，只是电平信号相反且电压不同。上图采用 RS422 单边驱动的通信方式，和 RS232 基本相同。

③电阻的作用主要是用来限制电流，防止电流太大烧坏通信端口，推荐用 3.3 kΩ 的电阻。

④通信的距离约为 15 m，最好采用屏蔽电缆，并接好屏蔽。不要在两头都带电的情况下插拔编程电缆，以免烧坏通信端口。

（2）采用串口与 PLC 的 232BD 通信模块通信，电缆接线如下：

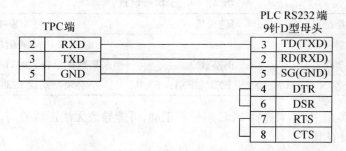

图 2‒148　串口与 PLC 的 232BD 通信模块通信

说明：232BD 模块与 TPC 通信一般可使用串口对调线进行通信，具体接线请参照上图。

2.8.3 三菱_FX 系列串口设备简介（FX0N-485ADP）

本驱动构件用于 MCGS 软件通过三菱 FX 系列 PLC 串口通信模块，读取三菱_FX 系列 PLC 设备的各种寄存器的数据，可支持 FX0N、FX1N、FX2N、FX1S、FX2C、FX2NC、FX3U 等型号 PLC 的串口通信模块，通信协议采用三菱 FX 串口专有协议。

（1）MCGS 软件设置

表 2‒56　父设备设置

参数项	推荐设置	可选设置	注意事项
串口端口号	COM1	COM1/COM2/COM3/COM4	支持 RS232/RS485 通信
通信波特率	9600	9600/19200/38400/57600/112500	必须与 PLC 通信口设定相同

续表 2-56

参数项	推荐设置	可选设置	注意事项
数据位位数	7	7/8	必须与 PLC 通信口设定相同
停止位位数	1	1/2	必须与 PLC 通信口设定相同
数据校验方式	偶校验	偶校验/奇校验/无校验	必须与 PLC 通信口设定相同

表 2-57 子设备设置

参数项	推荐设置	可选设置	注意事项
设备地址	0	0～15	必须与 PLC 通信口设定相同
通信等待时间	200	正整数	当采集数据量较大时,设置值可适当增大
协议格式	协议 1	协议 1/协议 4	必须与 PLC 通信口设定相同
是否校验	求校验	不求校验/求校验	必须与 PLC 通信口设定相同
PLC 类型	FX0N	FX0N/FX1S/FX/FX1N/FX2N/FX2C/FX2NC/FX3U	必须与实际 PLC 类型一致

注意:PLC 类型中,如果选择 PLC 型号不正确,可能导致无法正常通信,使用时需注意。

(2)设备地址范围

表 2-58 设备地址范围

寄存器类型	可操作范围	表示方式	说明
X	0～0377	OOOO	输入寄存器
Y	0～0377	OOOO	输出寄存器
M	0～8255	DDDD	辅助寄存器
S	0～0999	DDDD	状态寄存器
T	0～0255	DDDD	定时器触点
C	0～0255	DDDD	计数器触点
D	0～7999	DDDD	数据寄存器
TN	0～0255	DDDD	定时器值
CN	0～0255	DDDD	计数器值

说明:D 表示十进制,O 表示八进制(范围为 0～7)。

2.8.4 FX0N-485ADP 通信连接方式及详细接线图

(1)采用 FX0N-485ADP:FX0N 用,若连上 FX2N-CNV-BD 则可以和 FX2N 使用。

(2)采用 FX2N-485-BD:FX2N 用,485-BD 模块 RS485 通信电缆接线图如图 2-149:

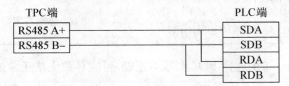

图 2-149 485-BD 模块 RS485 通信电缆接线

157

注意：

（1）使用 TPC 的 RS485 口或通过 RS232/485 转换模块与 485BD 通信模块通信时，最后一个 PLC 模块端 RDA 与 RDB 之间一般要接 100 Ω 的终端电阻。

（2）TPC 触摸屏的 RS485 接口的详细引脚定义请查阅技术手册。

（3）采用 FXxN-232-BD：FX 系列的 RS232C 通信模块，只能一主一从（1：1）方式通信，232-BD 模块 RS232 通信电缆接线图如图 2－150：

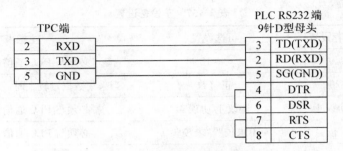

图 2－150　RS232 通信电缆接线

说明：232-BD 模块与 TPC 通信一般可使用串口对调线进行通信，具体接线请参照上图。

2.8.5　三菱_Q 系列编程口

本驱动构件用于 MCGS 软件通过三菱 Q 系列 PLC 编程口，读取三菱 Q 系列 PLC 设备的各种寄存器的数据，可支持 Q00CPU、Q01CPU、Q02CPU、Q06CPU、Q02UCPU 等型号，通信协议采用三菱 Q 系列编程口专有协议。

1）MCGS 软件设置

表 2－59　父设备设置

参数项	推荐设置	可选设置	注意事项
串口端口号	COM1	COM1/COM2/COM3/COM4	支持 RS232 通信
通信波特率	19200	9600/19200/38400/57600/112500	必须与 PLC 通信口设定相同
数据位位数	8	8	此协议数据位固定为 8
停止位位数	1	1	此协议停止位固定为 1
数据校验方式	奇校验	奇校验	此协议数据校验固定为奇校验

表 2－60　子设备设置

参数项	推荐设置	可选设置	注意事项
设备地址	0	0～255	必须与 PLC 通信口设定相同
通信等待时间	200	正整数	当采集数据量较大时，设置值可适当增大
PLC 类型	Q00CPU	Q00CPU/Q01CPU/Q02CPU/Q06CPU/Q02UCPU	必须与实际 PLC 类型相同

注意：PLC 类型中，如果选择 PLC 型号不正确，可能导致无法正常通信，使用时需注意。

2）采集通道

表 2-61 通信状态及意义

通信状态值	代表意义
0	表示当前通信正常
1	表示采集初始化错误
2	表示采集无数据返回错误
3	表示采集数据校验错误
4	表示设备命令读写操作失败错误
5	表示设备命令格式或参数错误
6	表示设备命令数据变量取值或赋值错误

3）内部属性

用户可通过内部属性，添加 PLC 的通道，本驱动构件可增加通道类型如表 2-62：

表 2-62 可增加通道类型

寄存器类型	可操作范围	表示方式	说明
X	0～001FFF	HHHHHH	输入继电器
Y	0～001FFF	HHHHHH	输出继电器
M	0～008191	DDDDDD	内部继电器
L	0～008191	DDDDDD	锁存继电器
F	0～002047	DDDDDD	报警器
V	0～002047	DDDDDD	边沿继电器
B	0～001FFF	HHHHHH	链接继电器
D	0～012287	DDDDDD	数据寄存器
W	0～001FFF	HHHHHH	链接寄存器
TS	0～002047	DDDDDD	定时器触点
TC	0～002047	DDDDDD	定时器线圈
TN	0～002047	DDDDDD	定时器当前值
SS	0～002047	DDDDDD	累计定时器触点
SC	0～002047	DDDDDD	累计定时器线圈
SN	0～002047	DDDDDD	累计定时器当前值
CS	0～001023	DDDDDD	计数器触点
CC	0～001023	DDDDDD	计数器触点
CN	0～001023	DDDDDD	计数器当前值
SB	0～0007FF	HHHHHH	链接特殊继电器
SW	0～0007FF	HHHHHH	链接特殊寄存器
S	0～008191	DDDDDD	步进继电器

寄存器类型	可操作范围	表示方式	说明
DX	0~001FFF	HHHHHH	直接输入
DY	0~001FFF	HHHHHH	直接输出
Z	0~000015	DDDDDD	变址寄存器
R	0~032767	DDDDDD	文件寄存器
ZR	0~0FE7FF	HHHHHH	文件寄存器

注意:其中 X、Y、B、W、SB、SW、DX、DY、ZR 寄存器地址为十六进制,在添加寄存器时,地址要添加为转换成十进制后的地址。

例如:当选择 Y 寄存器,填入地址值为十进制的 18 时,添加后的通道信息为"读写 Y0012"。

2.8.6 三菱 Q 编程通信电缆接线图及故障分析

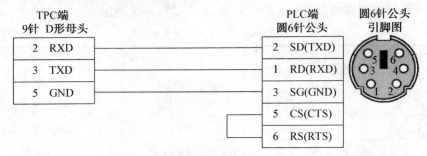

图 2 - 151 三菱 Q 编程通信电缆接线图

表 2 - 63 常见故障分析

故障现象	分析	处理建议
通信状态为 1 或 2	采集初始化错误或采集无数据返回(通信硬件连接、参数设置问题)	1. 检查串口父设备参数设置是否正确
		2. 检查串口是否被其他程序占用
		3. 检查通信电缆是否正确连接
		4. 检测设备,并使用厂家测试程序确保通信正常,并确认设备设置项与帮助中要求相同
		5. 检查"设备地址"与 PLC 设置是否一致
		6. 适当延长"通信等待时间"
		7. 读取数据地址超范围
通信状态为 3	采集数据校验错误(包括应答数据不完整或校验错误两种情况)	1. 检查父设备串口校验位设置是否正确
		2. 适当延长"通信等待时间"
		3. 设备断电,重新上电,初始化设备
		4. 通信电缆太长,做短距离测试
		5. 现场干扰太大,避免周围环境干扰
		6. 通信信号变弱,使用有源 RS232/485 模块

续表 2-63

故障现象	分析	处理建议
通信状态在 0 与非 0 之间跳变	通信不稳定或读取地址超范围	1. 同通信状态为 3 的处理
		2. 读取数据地址超范围 (典型情况为:添加某通道后,导致通信状态变非 0)
通信状态为 0,数据不正确	组态工程错误	1. 新建工程测试驱动
		2. 检测通道是否连接变量
		3. 检测工程是否对数据进行处理
通信速度太慢	通信数据量过大或采集周期设置过长	1. 将"采集优化"属性设置为"1-优化"
		2. 减小父设备及子设备的最小采集周期 (最小可设置为 20 ms)
		3. 使用设备命令,减少实时采集的数据
		4. 通过设备命令获取 PLC 延时,判断是否因 PLC 响应时间过长而影响采集速度
	通信次数过多	5. 将数据放到连续的地址块中,提高块读效率
		6. 将不同寄存器的数据放到同一寄存器连续的地址块中,减少采集块数,提高采集效率

2.8.7　三菱 Q 系列串口(RS232 通信电缆连接)

本驱动构件用于 MCGS 软件通过三菱 Q 系列串口读写三菱 Q 系列 PLC 设备的各种寄存器的数据。

表 2-64　三菱 Q 系列串口

驱动类型	串口子设备,须挂接在"通用串口父设备"下才能工作
通信协议	采用三菱 Q 系列串口专有协议
通信方式	一主一从、一主多从方式。驱动构件为主,设备为从
通信模块	支持 QJ71C24、QJ71C24-R2 等通信模块

1) 硬件连接

MCGS 软件与设备通信之前,必须保证通信连接正确。

通信连接方式:

(1) 采用 RS232 通信电缆连接方式,电缆接线如图 2-152 所示:

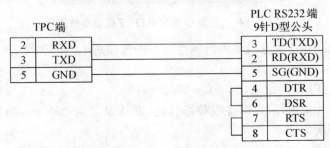

图 2-152　QJ71C24 模块 RS232 通信电缆接线图

（2）采用 RS422/485 通信电缆连接方式，电缆接线如图 2-153 所示：

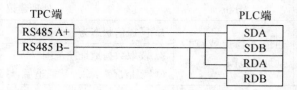

图 2-153　QJ71C24 模块 RS485 通信电缆接线图

2）设备通信参数

表 2-65　"通用串口父设备"通信参数设置

设置项	参数项
通信波特率	4800、9600（默认值）、19200、38400、57600、115200
数据位位数	7、8（默认值）
停止位位数	1（默认值）、2
奇偶校验位	无校验（默认值）、奇校验、偶校验

父设备通信参数设置应与设备的通信参数相同，默认为：9600、8、1、N（无校验）。用户可根据需要进行设置，建议在通信速度要求较高时设置为 38400、7、1、E（偶校验）或 PLC 所支持的更高波特率进行通信。

3）设备构件参数设置

"三菱 Q 系列串口"子设备参数设置如图 2-154。

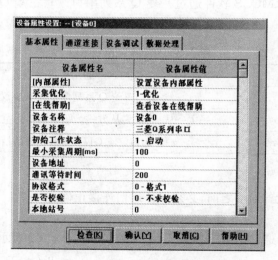

图 2-154　"三菱 Q 系列串口"子设备参数设置

● 内部属性：单击"查看设备内部属性"，点击按钮进入内部属性，具体设置请参看内部属性。

● 设备地址：PLC 的站号，范围 0～255。

● 通信等待时间：通信数据接收等待时间，默认设置为 200 ms，当采集数据量较大时，设置值可适当增大。

● 协议格式:可选择格式 1 到格式 4 进行通信,需要与 PLC 的设置一致。

● 是否校验:可选择是否求校验(需要与 PLC 的设置一致),默认为不求校验。

● 本地站号:范围为 0～255,默认为 0,建议不要修改。

4) 采集通道

表 2-66　通信状态值及代表意义

通信状态值	代表意义
0	表示当前通信正常
1	表示采集初始化错误
2	表示采集无数据返回错误
3	表示采集数据校验错误
4	表示设备命令读写操作失败错误
5	表示设备命令格式或参数错误
6	表示设备命令数据变量取值或赋值错误

5) 内部属性

用户可通过内部属性,添加 PLC 的通道,本驱动构件可增加的通道类型如下:

表 2-67　本驱动构件可增加的通道类型

寄存器类型	可操作范围	表示方式	说明
SM	0～002047	DDDDD	特殊继电器
SD	0～002047	DDDDD	特殊寄存器
X	0～001FFF	HHHHHH	输入继电器
Y	0～001FFF	HHHHHH	输出继电器
M	0～008191	DDDDD	内部继电器
L	0～008191	DDDDD	锁存继电器
F	0～002047	DDDDD	报警器
V	0～002047	DDDDD	边沿继电器
B	0～001FFF	HHHHHH	链接继电器
D	0～012287	DDDDD	数据寄存器
W	0～001FFF	HHHHHH	链接寄存器
TS	0～002047	DDDDD	定时器触点
TC	0～002047	DDDDD	定时器线圈
TN	0～002047	DDDDD	定时器当前值
SS	0～002047	DDDDD	累计定时器触点
SC	0～002047	DDDDD	累计定时器线圈
SN	0～002047	DDDDD	累计定时器当前值

寄存器类型	可操作范围	表示方式	说明
CS	0~001023	DDDDDD	计数器触点
CC	0~001023	DDDDDD	计数器触点
CN	0~001023	DDDDDD	计数器当前值
SB	0~0007FF	HHHHHH	链接特殊继电器
SW	0~0007FF	HHHHHH	链接特殊寄存器
S	0~008191	DDDDDD	步进继电器
DX	0~001FFF	HHHHHH	直接输入
DY	0~001FFF	HHHHHH	直接输出
Z	0~000015	DDDDDD	变址寄存器
R	0~032767	DDDDDD	文件寄存器
ZR	0~0FE7FF	HHHHHH	文件寄存器

注意:其中 X、Y、B、W、SB、SW、DX、DY、ZR 寄存器地址为十六进制,所以在添加寄存器时需要注意,地址要添加转换为十进制后的地址。

例如:当选择 Y 寄存器,填入地址值为十进制的 18 时,添加后的通道信息为"读写 Y0012"。

6）常见故障分析

表 2 - 68 常见故障分析

故障现象	分析	处理建议
通信状态为1或2	采集初始化错误或采集无数据返回（通信硬件连接、参数设置问题）	1. 检查串口父设备参数设置是否正确
		2. 检查串口是否被其他程序占用
		3. 检查通信电缆是否正确连接
		4. 检测设备,并使用厂家测试程序确保通信正常,并确认设备设置项与帮助中要求相同
		5. 检查"设备地址"与 PLC 设置是否一致
		6. 适当延长"通信等待时间"
		7. 读取数据地址超范围
通信状态为3	采集数据校验错误（包括应答数据不完整或校验错误两种情况）	1. 检查父设备串口校验位设置是否正确
		2. 适当延长"通信等待时间"
		3. 设备断电,重新上电,初始化设备
		4. 通信电缆太长,做短距离测试
		5. 现场干扰太大,避免周围环境干扰
		6. 通信信号变弱,使用有源 RS232/485 模块

续表 2－68

故障现象	分析	处理建议
通信状态在 0 与非 0 之间跳变	通信不稳定或读取地址超范围	1. 同通信状态为 3 的处理
		2. 读取数据地址超范围 (典型情况为：添加某通道后，导致通信状态变非 0)
通信状态为 0，数据不正确	组态工程错误	1. 新建工程测试驱动
		2. 检测通道是否连接变量
		3. 检测工程是否对数据进行处理
通信速度太慢	通信数据量过大或采集周期设置过长	1. 将"采集优化"属性设置为"1－优化"
		2. 减小父设备及子设备的最小采集周期 (最小可设置为 20 ms)
		3. 使用设备命令，减少实时采集的数据
		4. 通过设备命令获取 PLC 延时，判断是否因 PLC 响应时间过长而影响采集速度
	通信次数过多	5. 将数据放到连续的地址块中，提高块读效率
		6. 将不同寄存器的数据放到同一寄存器连续的地址块中，减少采集块数，提高采集效率

2.8.8　工程下载（连接 TPC7062K 和 PC 机）

1）连接

将普通的 USB 线，一端为扁平接口，插到电脑的 USB 口，一端为微型接口，插到 TPC 端的 USB2 口。

图 2－155　USB 线

2）工程下载

点击工具条中的下载 ![下载按钮] 按钮，进行下载配置。选择"连机运行"，连接方式选择 "USB 通信"，然后点击"通信测试"按钮，通信测试正常后，点击"工程下载"。

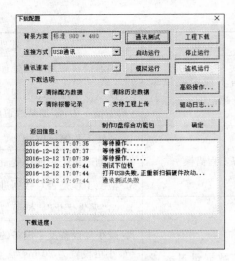

图 2 - 156 　下载配置

3）运行效果

下图是 TPC7062K 的运行效果图。

图 2 - 157 　TPC7062K 的运行效果

2.8.9 　MCGS 嵌入版组态

1）安装 MCGS 嵌入版组态软件

（1）打开 MCGS 安装包_7.7.1.1_V1.4 单击 Setup 如图 2 - 158 所示：

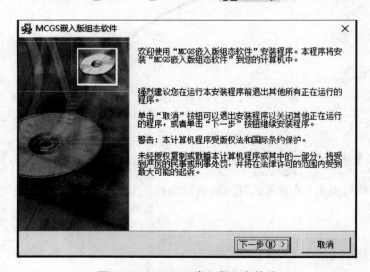

　图 2 - 158 　MCGS 嵌入版组态软件

（2）在安装程序窗口中点击"安装组态软件"，弹出安装程序窗口，点击"下一步"，启动安装程序。

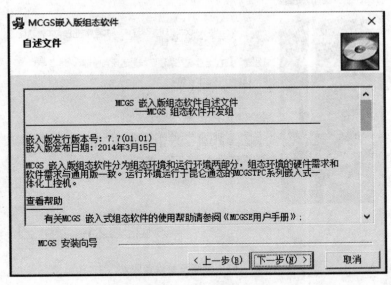

图 2-159 启动安装程序

（3）按提示步骤操作，随后，安装程序将提示指定安装目录，用户不指定时，系统缺省安装到 D:\MCGSE 目录下，建议使用缺省目录，如图 2-160 所示，系统安装大约需要几分钟。

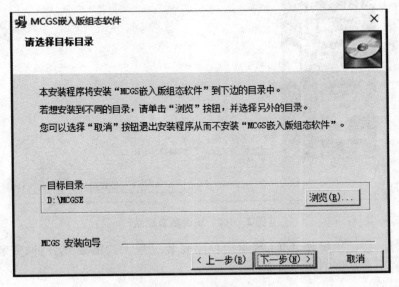

图 2-160 缺省目录

（4）MCGS 嵌入版主程序安装完成后，继续安装设备驱动，选择"下一步"。

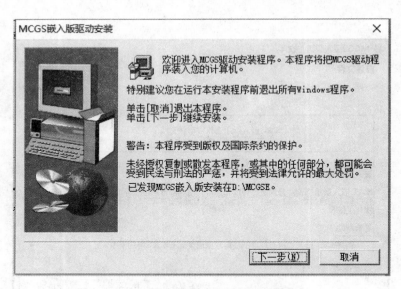

图 2 - 161　继续安装设备驱动

（5）点击"下一步"，进入驱动安装程序，选择所有驱动，点击下一步进行安装。

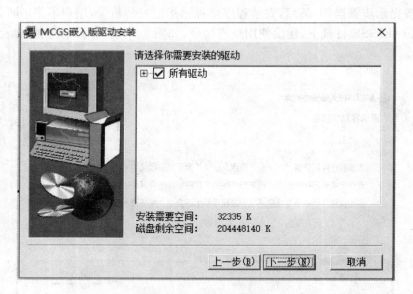

图 2 - 162　安装所有驱动

　　选择好后，按提示操作，MCGS 驱动程序安装过程大约需要几分钟；安装过程完成后，系统将弹出对话框提示安装完成。

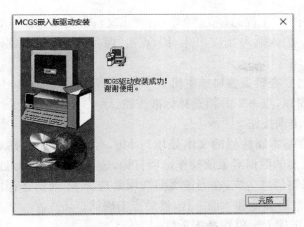

图 2 - 163　MCGS 驱动安装成功

　　安装完成后，Windows 操作系统的桌面上添加了如图 2 - 164 所示的两个快捷方式图标，分别用于启动 MCGS 嵌入式组态环境和模拟运行环境。

图 2 - 164　快捷方式图标

2）工程建立

　　（1）鼠标双击 Windows 操作系统的桌面上的组态环境快捷方式 ，可打开嵌入版

组态软件，然后按如下步骤建立通信工程。

　　（2）单击文件菜单中"新建工程"选项，弹出"新建工程设置"对话框，TPC 类型选择为"TPC7062Ti"，点击确认。

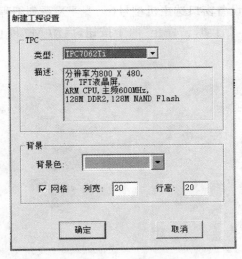

图 2 - 165　"新建工程"设置

选择文件菜单中的"工程另存为"菜单项,弹出文件保存窗口。

(3)在文件名一栏内输入"组态工程1",点击"保存"按钮,工程创建完毕。

3)工程组态

(1)进行编程时要在设备窗口选主机型号(三菱_FX系列编程口);

(2)打开用户窗口,点击工具箱选择标准按钮。

• 点击屏幕会出现按钮。

• 双击按钮,在基本属性栏的文本处填写M0,再在操作属性栏对抬起和按下功能进行设置,在抬起功能的数据对象值操作选项打钩,选择置0,在问号处单击,跳出变量选择窗口,选择根据采集信息生成,在通道类型选项处选择M辅助寄存器,然后点击确认。在按下功能处选择置1,其他和上面一样,然后点击确认。

• 在工具箱点击插入元件选择指示灯;

• 点击确认会出现指示灯;

• 双击指示灯,跳出单元属性设置窗口,单击数据对象栏下的可见度选项,再点击数据对象连接栏下出现的"?"跳出变量选择窗口,选择根据采集信息生成,对通道类型的Y输出寄存器进行选择,并确定;

• 点击工具箱的标签选项"A",在相应位置输入文字(下图仅供参考)。

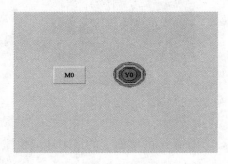

图2-166 按钮效果图

4)触摸屏、变频器、PLC的综合应用实训

用MCGSE组态软件进行编程:

• 进行编程时要在设备窗口选主机型号(三菱_FX系列编程口);

• 编写触摸屏程序,"启动"、"停止"两个按钮,启动M0停止M1,输出信号为Y0、Y1(参考图2-167);

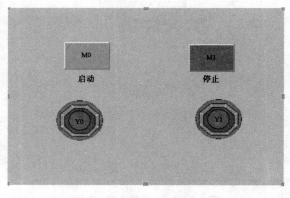

图2-167 触摸屏

• 编写 PLC 程序如图 2-168 所示；

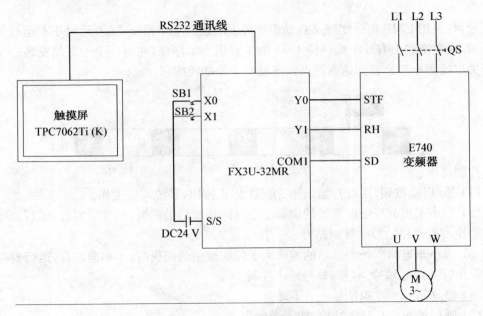

图 2-168 PLC 程序

• 变频器参数设置(使 Pr. 79＝2、Pr. 180＝0、Pr. 181＝1、Pr. 182＝2、Pr. 4＝50)；
外部接线图如图 2-169 所示。

图 2-169 外部通信接线图

第三篇　高级维修电工考核内容

模块一　PLC 在自动生产线上的应用

题目:采用 CMP 指令实现某自动生产线上的运料小车控制系统,运料小车运行如下图所示,在生产线上有 5 个编码位 1～5 的站点供小车停靠,在每一个停靠站安装一个行程开关以检测小车是否到达该站点。还设有 5 个呼叫按钮。

控制要求:

(1) X0 启动按钮,系统开始工作,按 X1 停止按钮,系统停止工作。

(2) 当小车当前所处停靠站的编码小于呼叫按钮的编码时,小车向右行,运行到呼叫站时停止,即:停靠站号<呼叫站号——右行。

(3) 当小车当前所处停靠站的编码大于呼叫按钮的编码时,小车向左行,运行到呼叫站时停止,即:停靠站号>呼叫站号——左行。

(4) 停靠站号=呼叫站号——不动。

(5) 呼叫按钮应有联锁功能,按下者优先。

考核内容与评分:

1. 设计 I/O 分配表。(20 分)

输入	说明	输出及状态	说明
X0	1 号站呼叫按钮	Y2	电机反转交流接触器
X1	2 号站呼叫按钮	Y1	电机正转交流接触器
X2	3 号站呼叫按钮	Y4	电机正转指示灯
X3	4 号站呼叫按钮	Y5	电机反转指示灯
X4	5 号站呼叫按钮	M0	正转驱动
X10	1 号站行程开关	M2	反转驱动
X11	2 号站行程开关		

续表

输入	说明	输出及状态	说明
X12	3号站行程开关		
X13	4号站行程开关		
X14	5号站行程开关		

2. 画出 I/O 图。(10分)

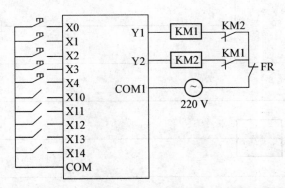

3. 在下面设计出 PLC 梯形图(不用写指令表)并连接系统试运行。(70分)

评分项目	要求	评分	得分
1. 正转控制	符合控制原理	10分	
2. 反转控制	符合控制原理	10分	
3. 启动、停止	符合控制要求	10分	
4. 呼叫	符合控制原理	15分	
5. 停靠站	符合控制原理	15分	
6. 联锁	符合控制原理	10分	

电机转动方向

小车站号： 1   ← →

呼叫站号： 1号站 2号站 3号站 4号站 5号站

行程开关： 1号站 2号站 3号站 4号站 5号站

上一页

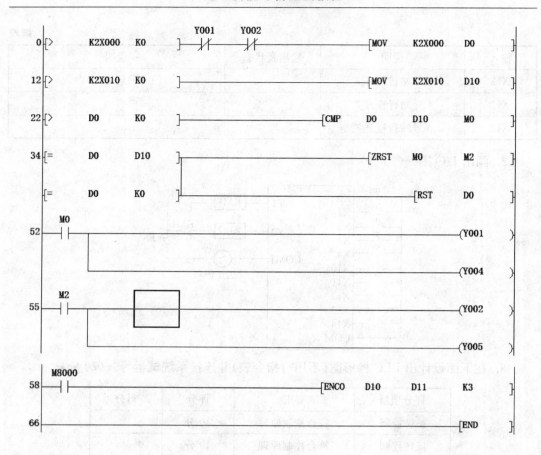

模块二　PLC、变频器在中央空调制冷系统中的应用

题目：右图为中央空调制冷系统示意图。

冷冻机组是中央空调的"制冷源"，通往各个房间的循环水由冷冻机组进行"内部热交换"，降温为冷冻水，从冷冻机组流出进入房间的冷冻水称为"出水"由房间返回到冷冻机组的冷冻水称为"回水"。冷冻水在房间内进行热交换，使房间内的温度下降。

冷冻机组在进行热交换使水温冷却的同时，必将释放大量的热量。该热量被冷却水吸收，使冷却水温

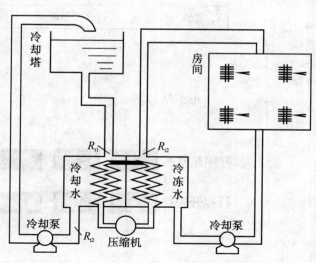

度升高。冷却泵将升了温的冷却水压入冷却塔与大气进行热交换（外部热交换）。

然后再将降了温的冷却水送回到冷冻机组，如此不断循环，带走冷冻机组释放的热量。

中央空调的控制要求：

1. 由于冷却塔的水温是随环境温度而变的,其单侧水温不能准确地反映冷冻机组内产生热量的多少。所以,对冷却泵以进水和回水间的温差作为控制依据,温差大,说明冷冻机组产生的热量大,应提高冷却泵的转速,增大冷却水的循环速度;反之,则减缓冷却水的循环速度,以节省能源。

2. 冷却系统有三台水泵 M1、M2、M3,要求每次最多运行两台,一台备用,10 天轮换一次。

3. 系统启动后,根据温差值进行控制：

当进、回水温差在小于设定下限($T < T_L$)时,只需一台泵变频调速运行,变频调速分七挡,如下表所示：

速度	1速	2速	3速	4速	5速	6速	7速
控制端	RH、RM、RL	RH、RM	RH、RL	RL、RM	RL	RM	RH
设定值	10 Hz	15 Hz	20 Hz	25 Hz	30 Hz	40 Hz	50 Hz

(1) 当温差在小于设定值下限($T < T_L$)时,下调一挡速(直至最低挡速为止);

(2) 当温差在 $T_L < T < T_H$ 时,保持在本挡速下运行;

(3) 当温差在 $T_H < T$ 时,上调一挡速(直至最高挡速为止);当调至最高挡后,温差仍然为 $T_H < T$ 时,两台泵工作,一台以工频运行,一台变频运行。

(4) 变频调速每挡运行时间至少 2 s 以上。

考核内容与评分

1. 设计出系统 I/O 图,画出冷却泵主回路接线图(用单线图表示)。（20 分）

评分项目	要求	评分	得分
1. 输入元件	满足系统控制	4 分	
2. 输出元件	满足系统控制	4 分	
3. PLC 与变频器连接	实现变频调速	4 分	
4. 工频与变频切换	实现切换控制	8 分	

请在下图的基础上设计系统 I/O 图和冷却泵主回路接线图。

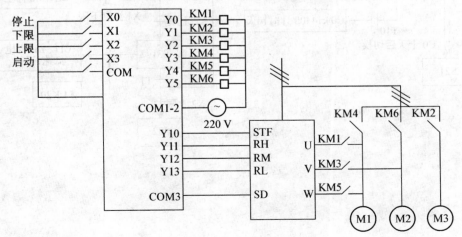

设计出 PLC 梯形图(不用写指令)并连接系统试运行。(80 分)

评分项目	要求	评分	得分
1. 变频调速	有七速	10 分	
2. 工频与变频切换	符合控制原理	10 分	
3. 挡速至少运行时间	符合控制要求	10 分	
4. 两用一备	符合控制要求	10 分	
5. 轮换工作	符合控制要求	15 分	
6. 温差控制	符合控制原理	25 分	

状态转移图:

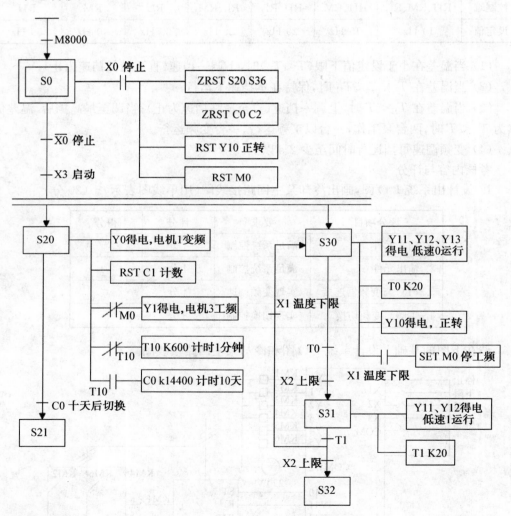

模块三 十字交通灯

题目:利用 PLC 指令设计十字交通灯控制程序。(55 分)

控制要求如下:

(1) 汽车道:横向绿灯(G)亮 30 s→绿灯闪 3 次,每次 1 s→黄灯(Y)亮 2 s→红灯(R)亮 35 s;纵向红灯(R)亮 35 s→绿灯亮 30 s,绿灯闪 3 次,每次 1 s→黄灯(Y)亮 2 s。

(2) 人行道:横向绿灯(G)亮 30 s→绿灯闪 5 次,每次 1 s→红灯(R)亮 35 s;纵向红灯(R)亮 35 s→绿灯(G)亮 30 s→绿灯闪 5 次,每次 1 s。

按题目要求得交通灯的工作时序图如图所示。

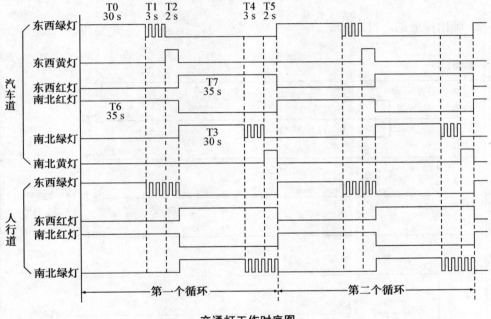

交通灯工作时序图

要求:

1. 根据十字交通灯控制要求画出 I/O 分配图。(10 分)

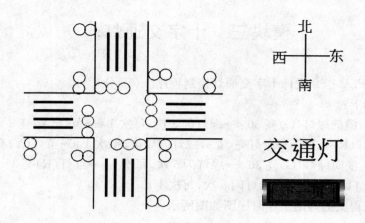

交通灯

2. 画出梯形图。（15 分）

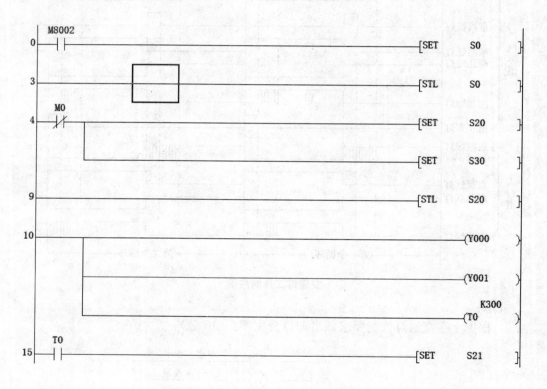

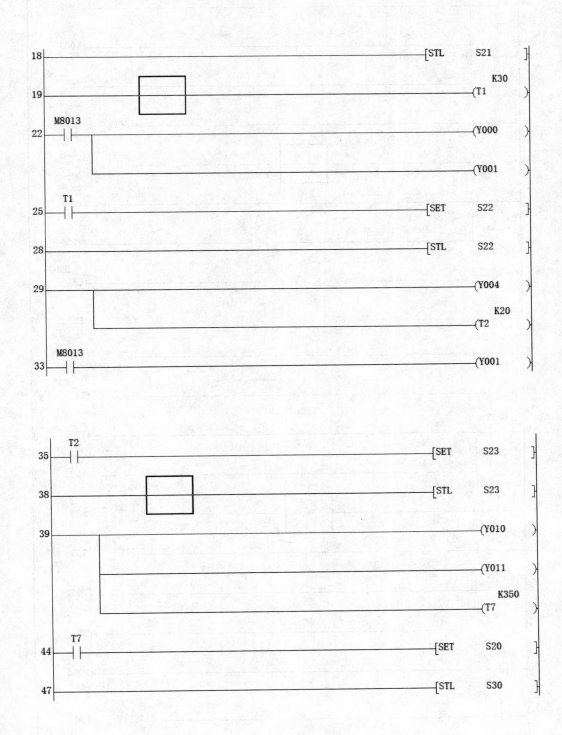

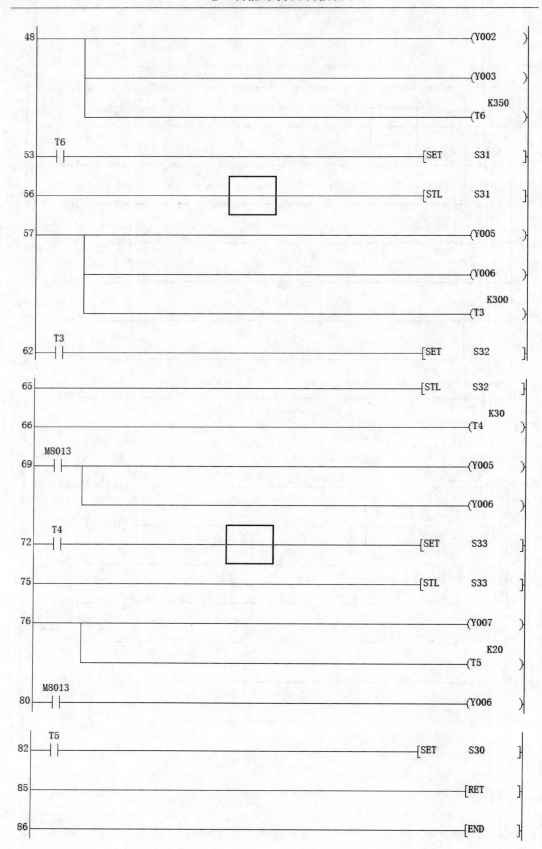

3. 写出指令表。（10 分）

4. 将程序送入 PLC,并试运行。（20 分）

模块四　变频器控制电动机运行

1. 请画出变频器外部操作的接线图（按钮用 SB）。（7 分）

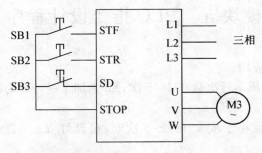

2. 画出变频器 15 段多段速运行接线图。（8 分）

3. 填写变频器 15 段多段速运行参数表。（8 分）

挡速	速1	速2	速3	速4	速5	速6	速7	速8	速9	速10	速11	速12	速13	速14	速15
频率	5 Hz	15 Hz	25 Hz	35 Hz	45 Hz	50 Hz	10 Hz	20 Hz	30 Hz	40 Hz	7 Hz	14 Hz	21 Hz	28 Hz	35 Hz
参数号	Pr. 4	Pr. 5	Pr. 6	Pr. 24	Pr. 25	Pr. 26	Pr. 27	Pr. 232	Pr. 233	Pr. 234	Pr. 235	Pr. 236	Pr. 237	Pr. 238	Pr. 239
控制端子	RH	RM	RL	RM RL	RL RH	RH RM	RH RM RL	AU	AU RL	AU RM	AU RM RL	AU RH	AU RH RL	AU RH RM	AU RH RM RL

4. 变频器技能操作。（22 分）

（以下题目只完成其中 1 题）

A 题:利用 PU 面板控制电动机 45 Hz 运行,加速时间为 10 s,减速时间为 3 s(17 分);写出变频器参数输入的步骤(5 分)。

$f=45$ Hz　Pr. 7＝10 s　Pr. 8＝3 s

B 题:利用外部按钮 SB 和电位器控制电动机以 45 Hz 运行,并设置频率跳变区,当运行频率在 15～30 Hz 时以 30 Hz 运行(17 分),写出变频器参数输入的步骤(5 分)。

$f=45$ Hz　Pr. 33$=30$ Hz　Pr. 34$=15$ Hz

C 题:变频器 15 段多段速运行(22 分)。

(按所画出的变频器 15 段多段速运行接线图进行接线,根据变频器 15 段多段速运行参数表进行变频器参数设置)

Pr. 184$=8$　Pr. 79$=3$

模块五　PLC 指令设计程序

题目:定时器功能应用

1. 要求:设置电动机运行次数在 2～5 次,X2 为加 1 键,X3 为减 1 键,X0 为清零键。(8 分)

2. 当设定运行次数小于或大于 2～5 次时,报警灯 Y3 闪烁(亮 0.5 s,灭 0.5 s)。(7 分)

3. 当没有设定运行次数(周期)时,按下 X1 不能启动电机。(10 分)

4. 当按下 X1 电动机运行。(10 分)

正转 Y1　2 s→停止 2 s→反转 Y2　2 s

└─────── 停止 2s ◄───────┘

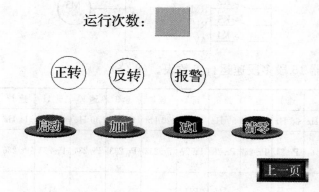

5. 画出梯形图。(10 分)

```
   X002
0  ─┤↑├──────────────────────────────────────────[INC    D0  ]

   X003
5  ─┤↑├──────────────────────────────────────────[DEC    D0  ]

   X000
10 ─┤↑├──────────────────────────────────────────[RST    D0  ]

   M8000
15 ─┤├──────────────────────[ZCP   K2    K5    D0    M0 ]
        M1      X001
       ─┤├──────┤├───────────────────────────────[SET    S0  ]
```

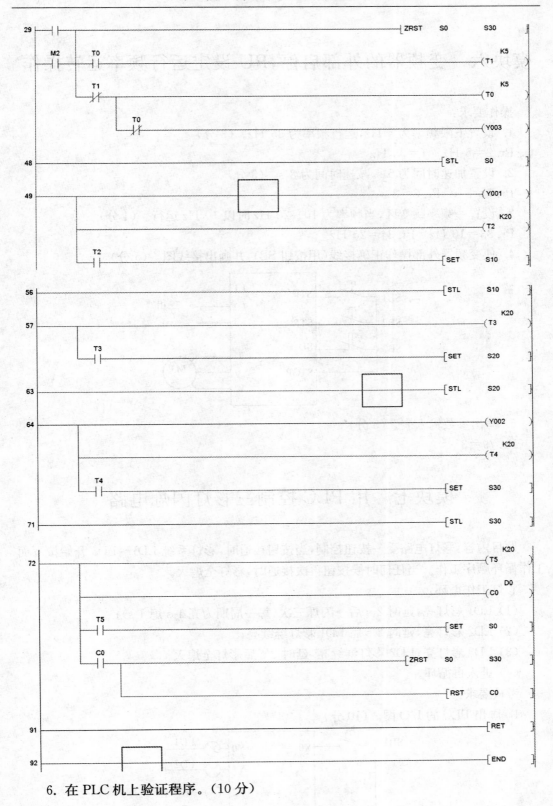

29 ——| |——————————————————————————————————————[ZRST S0   S30]

　　M2   T0
——| |—— —|/|——(T1 K5)

　　　　T1
——————|/|———(T0 K5)

　　　　　　T0
——————————|/|——(Y003)

48 ——[STL S0]

49 ——(Y001)

———(T2 K20)

　　T2
——| |——[SET S10]

56 ——[STL S10]

57 ——(T3 K20)

　　T3
——| |——[SET S20]

63 ——[STL S20]

64 ——(Y002)

———(T4 K20)

　　T4
——| |——[SET S30]

71 ——[STL S30]

72 ——(T5 K20)

———(C0 D0)

　　T5
——| |——[SET S0]

　　C0
——| |——[ZRST S0   S30]

——[RST C0]

91 ——[RET]

92 ——[END]

6. 在 PLC 机上验证程序。（10 分）

183

模块六　变频器的外部启停,PU 设定运行频率运转操作

操作要求:

1. 设置下限频率为 5 Hz,运行频率为 35 Hz。(3分)

Pr. 2＝5 Hz　f＝35 Hz

2. 设置加速时间为 5 s,减速时间为 3 s。(3分)

Pr. 7＝5 s　Pr. 8＝3 s

3. 设置一频率跳变区,当频率为 10~20 Hz 时以 10 Hz 运行。(4分)

Pr. 33＝10 Hz　Pr. 34＝20 Hz

4. 使变频器外部操作正确接线(用按钮 SB),并画出接线图。(5分)

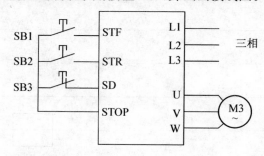

5. 写出参数输入表。(5分)

Pr. 79＝3

模块七　用 PLC 控制三彩灯闪烁电路

题目内容:彩灯电路受一按钮控制,当按钮接通时,彩灯系统 LD1~LD3 开始按下面工作循环顺序工作。当任何时候按钮再次接通时,彩灯全熄灭。

彩灯工作循环:

(1) LD1 彩灯亮,延时 2 s 后→闪烁三次(每一周期为亮 1 s 熄 1 s);

(2) LD2 彩灯亮,延时 2 s 后 LD1 彩灯继续亮;

(3) LD3 彩灯亮;LD2 彩灯继续亮,延时 2 s 后彩灯全熄灭;

(4) 进入再循环。

考核要求:

1. 画出 PLC 的 I/O 图。(10分)

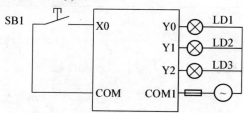

2. 用 FX 系列 PLC 按工艺流程写出状态流程图。（10 分）

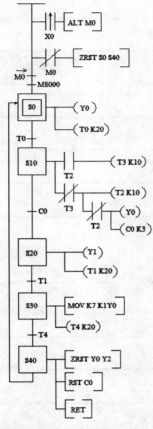

3. 按步进顺控指令编制的程序,进行程序输入并完成系统的功能。（10 分）

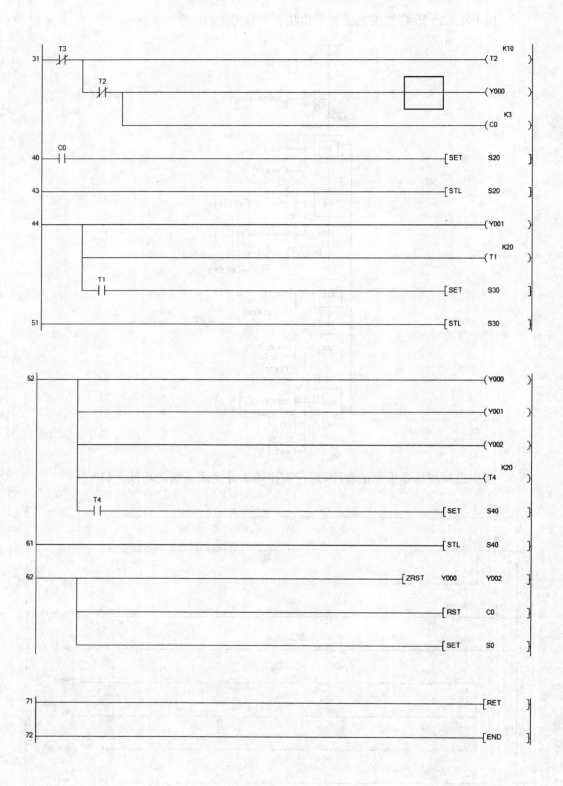

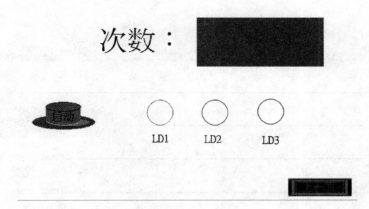

模块八　一个手动按钮调试单向运行生产流水线的速度

控制要求：

1. 生产流水线有七挡速度可选运行。

2. 系统启动后,生产流水线以最低速为初速。

3. 每按一次调速按钮,控制生产流水线运行的变频器提速一挡。

4. 在最高速挡时,按一次调速按钮,控制生产流水线运行的变频器返回最低挡速。

5. 按停止按钮,生产流水线停止运行。

6. 生产流水线七挡速速度如下表：

速度	1 速	2 速	3 速	4 速	5 速	6 速	7 速
控制端	RH、RM、RL	RH、RM	RH、RL	RL、RM	RL	RM	RH
设定值	10 Hz	15 Hz	20 Hz	25 Hz	30 Hz	40 Hz	50 Hz

考核要求：

1. 设计出系统 I/O 图,并画出对应梯形图。（15 分）

2. PLC 与变频器连接。（10 分）

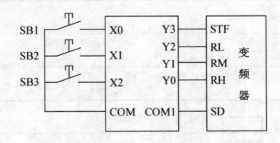

```
  X000  M101
0 ─┤├───┤├──────────────────────────────────────────[ PLS   M0  ]

  M0
4 ─┤├──────────────────────────────────────────────[ INC   D0  ]
    │
    └─────────────────────────────────[ DECO  D0   M0   K3  ]

   X001
15 ─┤├──────────────────────────────────────────[ ZRST  S0   S26 ]

   M8002
   ─┤├──────────────────────────────────────────[ ZRST  Y000  Y003 ]

   ─────────────────────────────────────────────────[ RST   D0  ]

   ─────────────────────────────────────────────────[ RST   M101 ]

   ─────────────────────────────────────────────────[ SET   S0  ]

33 ────┌──────┐──────────────────────────────────────[ STL   S0  ]
       │      │
       └──────┘

   X002
34 ─┤├──────────────────────────────────────────────[ SET   S10 ]

   ─────────────────────────────────────────────────[ RST   D0  ]

   ─────────────────────────────────────────────────[ SET   M101 ]

41 ──────────────────────────────────────────────────[ STL   S10 ]

42 ──────────────────────────────────────[ MOV   K15   K1Y000 ]

   M1
   ─┤├──────────────────────────────────────────────[ SET   S20 ]

50 ──────────────────────────────────────────────────[ STL   S20 ]

51 ──────────────────────────────────────[ MOV   K11   K1Y000 ]

   M2
   ─┤├──────────────────────────────────────────────[ SET   S21 ]

59 ────┌──────┐──────────────────────────────────────[ STL   S21 ]
       │      │
       └──────┘
```

188

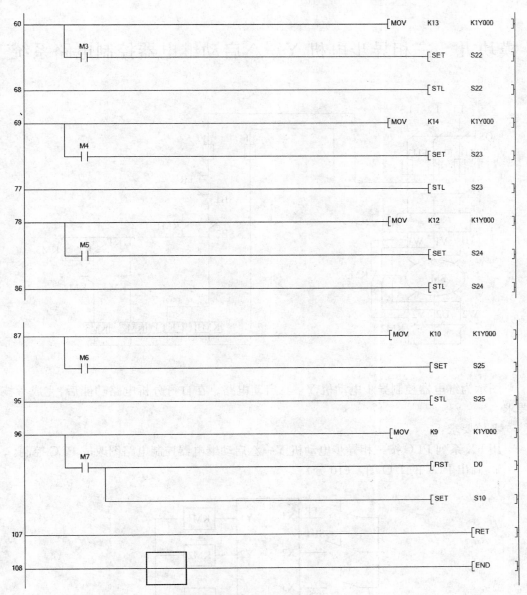

3. 进行程序输入并完成系统的功能。（15 分）

频率显示：

上一页

189

模块九　三相异步电机 Y—△启动继电器控制电路系统

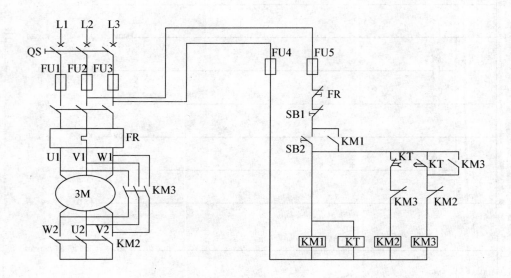

图示为继电器控制异步电动机 Y—△启动电路。在自行分析电路功能后，完成考核要求。

考核要求：

用 FX 系列 PLC 按三相异步电动机 Y—△启动继电器控制电路图改成 PLC 控制。

1. 画出 PLC 的 I/O 图。（10 分）

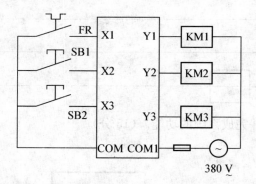

2. 写出梯形图和指令表（必须有栈存指令）。（10 分）

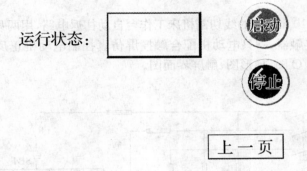

3. 用基本指令编写程序,输入到 PLC 进行程序输入并完成系统的功能。(10 分)

运行状态:

启动

停止

上一页

模块十　变频器应用

本题有 A、B、C 三个考试项目,考生只做其中一考试项目,由考评员指定,考生完成题目如下。

项目 A:用外部按钮控制变频器的驱动电机正转、反转、停止,PU 设定和改变运行频率;

项目 B:用 PU 控制变频器的驱动电机正转、反转、停止,外部设备设定运行频率运转操作;

项目 C:用外部按钮控制变频器的驱动电机正转、反转、停止和设定运行频率运转操作。

操作要求:

1. 设置下限频率为 5 Hz(2 分),上限频率为 60 Hz(2 分)。

Pr.2＝5 Hz　　Pr.1＝60 Hz

2. 设置加速时间为 4 s(2 分),减速时间为 3 s(2 分)。

Pr. 7＝4 s   Pr. 8＝3 s

3. 设置一频率跳变区,当频率为 10～20 Hz 时以 20 Hz 运行。(4 分)

Pr. 33＝20 Hz   Pr. 34＝10 Hz

4. 画出接线图。(5 分)

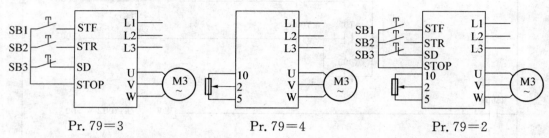

Pr. 79＝3   Pr. 79＝4   Pr. 79＝2

5. 变频器接线、操作正确。(13 分)

模块十一   切割机床工作台自动往返电路

设计一个带 10 s 缓冲的线切割机床工作台自动往返电路,用两只行程开关和两只继电器、两只交流接触器、一只电动机配合触摸屏仿真控制电动机正反转。电路原理图见下图,要求画出 I/O 图、梯形图、触屏界面图。

电路原理图:

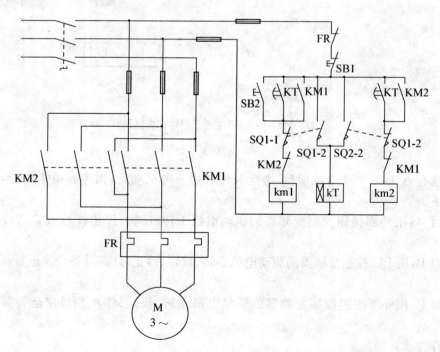

触摸屏界面图：

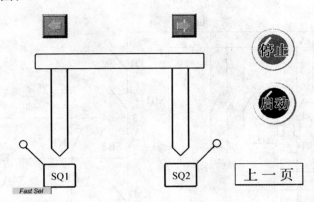

梯形图：

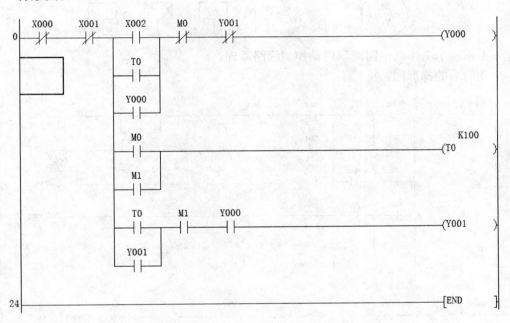

I/O 接线图

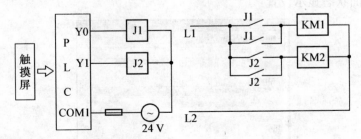

PLC 化简练习（串电阻降压启动）。

要求：

1. 画出 I/O 分配图。（5 分）

2. 画出梯形图。（15 分）

3. 画出指令表。（12 分）

4. 将程序送入 PLC,并试运行。(8 分)

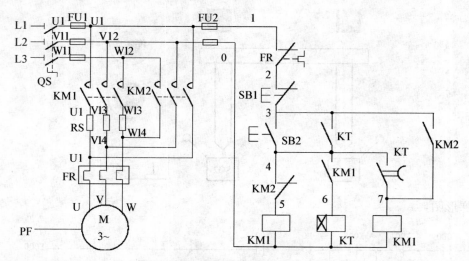

上图所示为串联电阻降压启动控制线路原理。

化简后的梯形图：

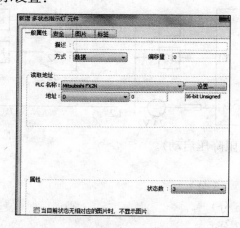

触摸屏界面状态显示设置：

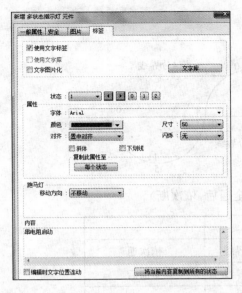 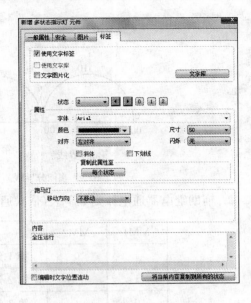

I/O 图如下：

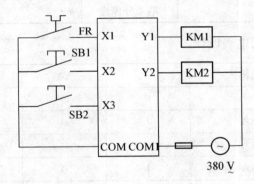

模块十二　计数信号应用实例实训

设计要求：设计用一个按钮控制的电路，按钮 AA 反复动作，到第 4 拍时，产生输出，YY ON。第 6 拍时，停止输出，YY OFF，电路复原。如下：

节拍	当前输入	AA	YY	相　混　表		
0		0	0	d E g		
1	AA	1	0	⋮		f ┬
2	$\overline{AA}$	1	0	d	┬ G	
3	AA	1	0	┬	─F	
4	$\overline{AA}$	0	1	D e		
5	AA	1	1	┼┼		
6	$\overline{AA}$	0	0	d E		

通电表设计

1. 原始通电周期图。

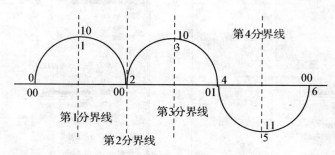

2. 辅助继电器通电原则如下表（依次通，全通后，依次断）。

MM1	MM2		
1	0	第 1 分界线	依次通
1	1	第 2 分界线	全通后
0	1	第 3 分界线	依次断（先通先断）
0	0	第 4 分界线	

3. 无逻辑相混的通电表设计。

节拍	当前输入	AA	YY	MM1	MM2
0		0	0	0	0
1	AA	1	0	1	0
2	$\overline{AA}$	0	0	1	1
3	AA	1	0	0	1
4	$\overline{AA}$	0	1	0	1
5	AA	1	1	0	0
6	$\overline{AA}$	0	0	0	0

4. 卡诺图化简。

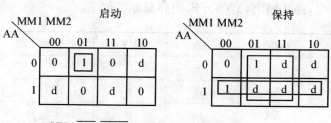

$$YY=(\overline{AA})(\overline{MM1})(MM2)+(AA+MM2)(YY)$$

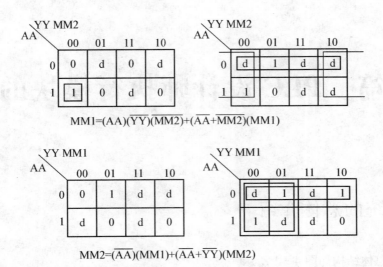

$$MM1=(AA)(\overline{YY})(\overline{MM2})+(\overline{AA}+\overline{MM2})(MM1)$$

$$MM2=(\overline{AA})(MM1)+(\overline{AA}+\overline{YY})(MM2)$$

5. 梯形图。

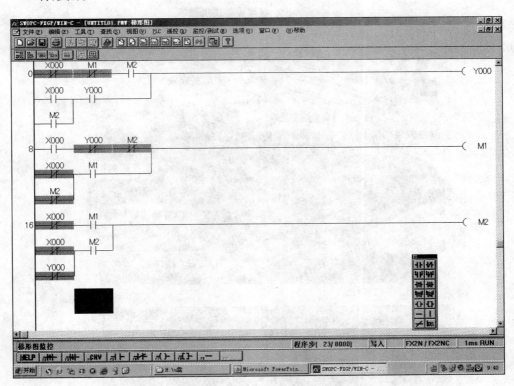

第四篇　PLC 设计师执行模块的应用

1　系统的总体介绍

系统的总体结构如图 4－1 所示。

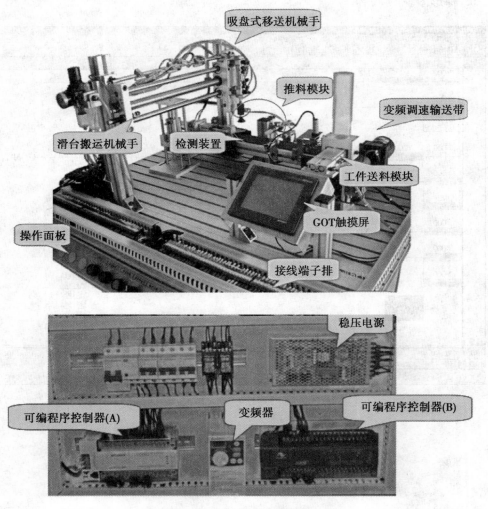

图 4－1　PLC 系统的总体结构

1.1 送料机构模块

该模块由双联气缸、储料仓、检测有无工件传感器-光纤传感器、气缸位置检测用的磁性开关(图4-2)。

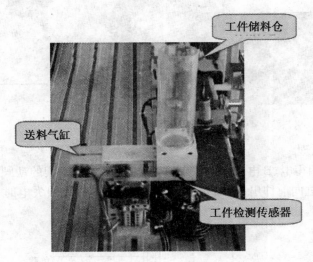

图4-2　送料机构模块

1) 功能

储料仓用于堆放圆形工件,当检测光纤传感器检测到有工件时,双轴快速复位气缸模块根据PLC的指令,自动将圆形工件推送到变频输送带上(图4-3)。

图4-3　送料机构送料示意图

注:圆形工件的姿势放置是根据控制要求而改变的。同时,该机构储放工件个数最多可达到十个。

2) 相关元件的工作原理

(1) 电磁换向阀

电磁阀控制驱动电源为DC24V,根据线圈电源的ON/OFF。使电磁阀芯来回动作,从而控制执行气缸的伸出及复位功能。

电磁阀包括二位五通单电控阀、二位五通双电控阀以及三位五通电磁阀,均作为各气动执行元件控制之用(图4-4)。

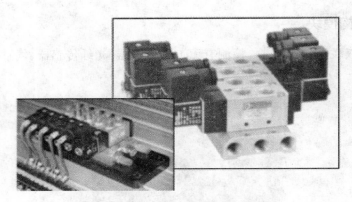

图 4 - 4　VE1000 系列电磁阀

电磁阀工作原理：

当 A 电磁线圈得电、B 电磁线圈失电时，双电控二位五通阀的动阀芯往右移，此时、1口与 4 口接通，气缸向前伸出；当 B 电磁线圈得电、A 电磁线圈失电时，双电控二位五通阀的动阀芯往左移，此时、1 口、2 口接通，气缸复位（图 4 - 5）。

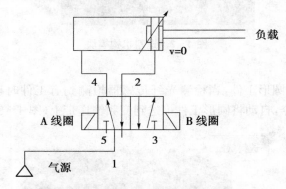

图 4 - 5　先导式电磁换向阀工作原理图

图中所谓的"位"指的是为了改变流体方向，阀芯相对于阀体所具有的不同的工作位置。表现在图形符号中，即图形中有几个方格就有几位；所谓的"通"指的是换向阀与系统相连的通口，有几个通口即为几通。"⊤"和"⊥"表示各接口互不相通。

（2）双端双活塞杆气缸

图 4-6 所示的这种气缸活塞两端都有两个活塞杆。在这种气缸中，通过两个连接板将两个并列的双端活塞杆连接起来，以获得良好的抗扭转性。和双活塞杆气缸一样，与相同缸径的标准气缸相比，这种气缸可以获得两倍的输出力。

图 4 - 6　双端双活塞气缸

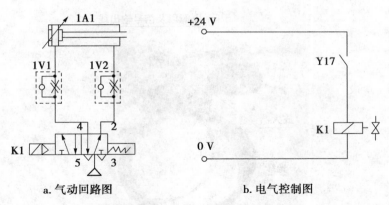

　　a.气动回路图　　　　　　　　　b.电气控制图

图4-7　控制回路图

（3）单向节流阀

单向节流阀是气压传动系统最常用的速度控制元件,也常称为速度控制阀。它是由单向阀和节流阀并联而成的,节流阀只在一个方向上起流量控制的作用,相反方向的气流可以通过单向阀自由流通。利用单向节流阀可以实现对执行元件每个方向上的运动速度的单独调节。

如图4-8所示,压缩空气从单向节流阀的左腔进入时,单向密封圈3被压在阀体上,空气只能从由调节螺母1调整大小的节流口2通过,再由右腔输出。此时单向节流阀对压缩空气起到调节流量的作用。（在气压条件正常的情况下,如果气缸动作缓慢时,可通过调整该节流阀,改变气缸的运动速度。调整方法:逆时针方向旋转螺帽为打开出气孔,气缸运动增快;反之为减慢气缸运动速度）

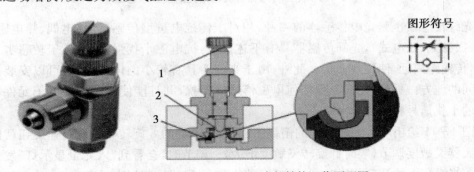

（a）节流阀实物图　　　　　　（b）内部结构工作原理图

1—节流口;2—节流口;3—单向密封圈

图4-8　单向节流阀工作原理图

（4）工件检测传感器-光纤传感器

功能:在送料仓内装有光纤电传感器,用以检测是否有工件送到输送带进行检测。有工件时,光纤传感器将信号传输给PLC,用户PLC程序输出驱动信号使送料气缸向前伸出,将工件送至输送带上进行下一步的工作（图4-9）。

原理:光纤传感器由光纤检测头、光纤放大器两部分组成,放大器和光纤检测头是分离的两个部分,光纤检测头的尾端部分分成两条光纤,使用时分别插入放大器的两个光纤孔。放大器的安装示意如图4-10所示。

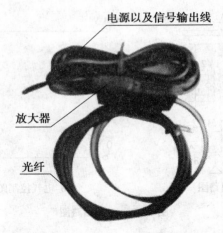

图 4-9　光纤传感器

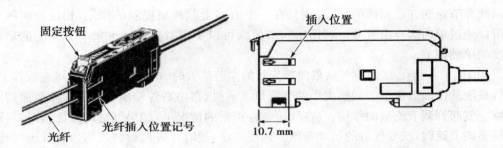

图 4-10　光纤传感器放大器单元的安装示意图

　　光纤传感器也是光电传感器的一种,相对于传统电量型传感器(热电偶、热电阻、压阻式、振弦式、磁电式),光纤传感器具有下述优点:抗电磁干扰强、可工作于较恶劣工作环境,传输距离远,使用寿命长。此外,由于光纤头具有较小的体积,所以可以安装在很小空间的地方。另外,光纤不受任何电磁信号的干扰,并且能使传感器的电子元件与其他电的干扰信号相隔离。

　　图 4-11 给出了放大器单元的俯视图,调节其中部的 8 旋转灵敏度高速旋钮就能进行放大器灵敏度调节(顺时针旋转灵敏度增大)。调节时,会看到"入光量显示灯"发光的变化。当探测器检测到物料时,"动作显示灯"会亮,提示检测到物料。

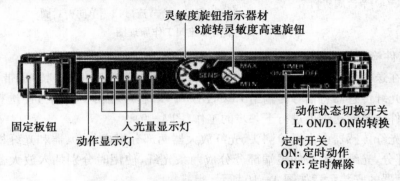

图 4-11　光纤传感器放大器单元的俯视图

（5）磁性开关

工作原理：当有磁性物质接近时，磁性开关便会动作，并输出信号。若在气缸的活塞（或活塞杆）上安装磁性物质，在气缸缸筒外面的两端位置各安装一个磁感应式接近开关，就可以用这两个磁性开关分别标识气缸运动的两个极限位置。当气缸的活塞杆运动到哪一端时，哪一端的磁性开关就动作并发出电信号。在 PLC 的自动控制中，可以利用该信号判断推料及顶料缸的运动状态或所处的位置，以确定工件是否被推出或气缸是否返回。在磁性开关上设置有 LED 显示用于显示它的信号状态，供调试时使用。磁性开关动作时，输出信号"1"，LED 亮；不动作时，输出信号"0"，LED 不亮。磁性开关的安装位置可以调整，调整方法是松开磁性开关的紧定螺栓，让它顺着气缸滑动，到达指定位置后，再旋紧紧定螺栓。磁性开关有蓝色和棕色 2 根引出线，使用时蓝色引出线应连接到 PLC 输入公共端，棕色引出线应连接到 PLC 输入端子。磁性开关的内部电路如图 4 - 12 所示。

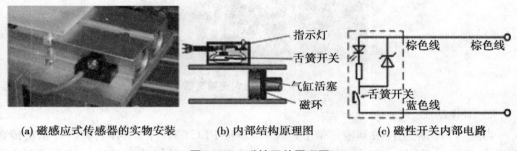

(a) 磁感应式传感器的实物安装　　(b) 内部结构原理图　　(c) 磁性开关内部电路

图 4 - 12　磁性开关原理图

磁性开关特点：磁性开关是流体传动系统中所特有的。磁性开关可以直接安装在气缸缸体上，当带有磁环的活塞移动到磁性开关所在位置时，磁性开关内的两个金属簧片在磁环磁场的作用下吸合，发出信号。当活塞移开，舌簧开关离开磁场，触点自动断开，信号切断。通过这种方式可以很方便地实现对气缸活塞位置的检测（图 4 - 13）。

图 4 - 13　磁性开关安装位置

1.2　变频器调速输送带

随着国民经济的快速增长，输送带输在自动化应用中越来越显著，其广泛应用于水泥、焦化、冶金、轻工、化工、汽车、钢铁、粮食等行业中输送距离较短、输送量较小的场合。它具有高效率、能连续化、大倾角运输，操作安全，使用简便，维修容易，运费低廉，并能缩短运输距离,降低工程造价,节省人力物力等优点。

1）构成

输送带单元主要由传动带驱动机构、变频器模块、末端位置检测传感器及编码器组成。输送带的动力源是 AC220V 三相交流流带减速箱电动机(图 4－14)。

图 4－14　变频器调速输送带

2）工作原理

当送料机构把工件放到输送带上,变频器通过 PLC 的程序控制,电机运转驱动传送带工作,把工件移到检测区域进行各种检测。最后将工件移至输送带的末端由吸盘式机械手进行分类。

3）相关元件的工作原理

（1）三相交流电动机

①三相异步电动机的结构:三相交流电动机分定子和转子。

定子是电动机的固定部分,主要由铁芯和绕在铁芯上的三相绕组组成。

转子是电动机的旋转部分,由转子铁芯和转子绕组组成。

②三相异步电动机的旋转磁场

三相异步电动机要旋转起来的先决条件是具有一个旋转磁场,三相异步电动机的定子绕组就是用来产生旋转磁场的。我们知道,三相电源相与相之间的电压在相位上是相差 120°的,三相异步电动机定子中的三个绕组在空间方位上也互差 120°,这样,当在定子绕组中通入三相电源时,定子绕组就会产生一个旋转磁场,定子绕组产生旋转磁场后,转子导体(鼠笼条)将切割旋转磁场的磁感线而产生感应电流,转子导条中的电流又与旋转磁场相互作用产生电磁力,电磁力产生的电磁转矩驱动转子沿旋转磁场方向旋转起来。一般情况下,电动机的实际转速低于旋转磁场的转速,两者不同步。为此我们称三相电动机为异步电动机。

（2）末端传感器

①作用

该传感器主要用于检测工件是否传送到输送带末端位置。当传感器检测到工件到时,传感器将信号传输给 PLC,通过 PLC 的程序执行吸盘式移载机械手。移载机械手把工件移至分类区,进行工艺要求分类(图4-15)。

调节电位器

图4-15　末端传感器

②电容接近开关工作原理

电容式传感器的感应面由两个同轴金属电极构成,很像"打开的"电容器电极。这两个电极构成一个电容,串接在 RC 振荡回路内。

电源接通时,RC 振荡器不振荡,当一物体朝着电容器的电极靠近时,电容器的容量增加,振荡器开始振荡。通过后级电路的处理,将不振和振荡两种信号转换成开关信号,从而起到了检测有无物体存在的目的。这种传感器能检测金属物体,也能检测非金属物体,对金属物体可以获得最大的动作距离。而对非金属物体,动作距离的决定因素之一是材料的介电常数。材料的介电常数越大,可获得的动作距离越大。材料的面积对动作距离也有一定影响。

③注意

由于该传感器是电容式接近传感器,它检测金属材质的工件与非金属材质工件的灵敏度不一样。在正常使用过程中,如果工件到位,传感器信号灯不亮。此时可以通过传感器的灵敏度电位器将传感器的灵敏度调强。电位器顺时针旋转为增强检测灵敏度,反之,则减弱。

(3) 旋转编码器

①原理

光电编码器是一种通过光电转换将输出轴上的机械几何位移量转换成脉冲或数字量的传感器。这是目前应用最多的传感器,光电编码器的工作原理如图4-16(b)所示,在圆盘上规则地刻有透光和不透光的线条,在圆盘两侧,安放发光元件和光敏元件。当圆盘旋转时,光敏元件接收的光通量随透光线条同步变化,光敏元件输出波形经过整形后变为脉冲,码盘上有 Z 相标志,每转一圈输出一个脉冲。此外,为判断旋转方向,码盘还可提供相位相差 90°的两路脉冲信号,如图4-16(b)所示。

增量式编码器是直接利用光电转换原理输出三组方波脉冲 A、B 和 Z 相;A、B 两组脉冲相位差 90°,从而可方便地判断出旋转方向,而 Z 相为每转一个脉冲,用于基准点定位。它的优点是原理构造简单,机械平均寿命可在几万小时以上,抗干扰能力强,可靠性高,适合于长距离传输。其缺点是无法输出轴转动的绝对位置信息。

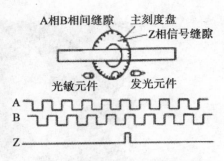

(a) 旋转编码器实物图　　(b) 旋转编码器工作原理及输出波形图

图 4-16　旋转编码器

②接线图(图 4-17)

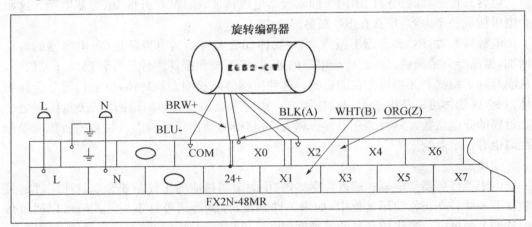

图 4-17　旋转编码器接线图

③控制程序(图 4-18)

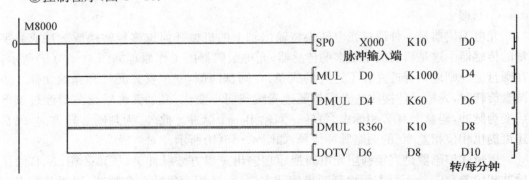

图 4-18　旋转编码器输入脉冲在速度指令中的应用实例

1.3　检测模块

1) 检测模块的组成

该模块主要由光电传感器、金属传感器以及电容式传感器组成(图 4-19)。

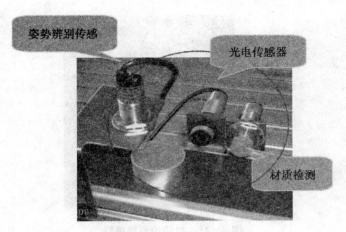

图 4-19　材料检测模块

2）检测传感器的工作原理

当变频输送带将工件传送到检测区域时,电容传感器对工件进行姿势的辨别、光电传感器对工件进行颜色的辨别、金属传感器对工件进行材质的检测。

（1）工件姿势的辨别

本系统的工件姿势辨别功能是由电容传感器对其进行检测的(图 4-20)。当输送带将工件送至检测区时,无论工件是正常放置还是反向放置,电容传感器都会动作。因此,在实训过程中,需要对该传感器的接通时间进行虑波。

图 4-20　电容传感器

因为工件正常放置接通的时间与反向放置的时间是不同的。假设工件在匀速的情况下接通电容传感器的时间没有超过设定的时间 T_n s,则辨别该工件是正常放置,如果触发的时间超过设定的时间 T_n s,则该工件为反向放置工件,为不合格工件。

注:系统所检测结果的处理方式由 PLC 程序来设定(用户可根据使用要求进行变更)。

（2）材质辨别

材质传感器采用电感传感器。根据电感传感器的工作原理可知,电感传感器对金属材质动作,非金属材料不动作。因此,在工作过程中,如果传感器动作,系统判别该工件为金属材料工件。反之为非金属材料工件(图 4-21)。

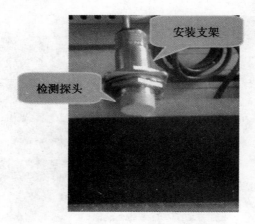

图 4-21　材料检测传感器

③电感式传感器工作原理

接近传感器是一种具有感知物体接近能力的器件。它利用位移传感器对所接近物体具有的敏感特性达到识别物体接近并输出开关信号的目的,因此,通常又把接近传感器称为接近开关。

电感式接近传感器是一种利用涡流感知物体接近的接近开关。它由高频振荡电路、检波电路、放大电路、整形电路及输出电路组成,感知敏感元件为检测线圈,它是振荡电路的一个组成部分,在检测线圈的工作面上存在一个交变磁场。当金属物体接近检测线圈时,金属物体就会产生涡流而吸收振荡能量,使振荡减弱直至停振。振荡与停振这两种状态经检测电路转换成开关信号输出。

④颜色辨别

工件颜色辨别功能采用漫反射光电传感器实现。该光电传感器灵敏度可在一定范围内调节。反射性较差的黑色物体,光电传感器无法接收到反射信号;而反射性较好的白色物体,光电传感器可以准确接收到物体反射的信号。反之,若调节光电传感器灵敏度,即使对反射性较差的黑色物体,光电探测器也可以接收到反射信号。因此可以通过调节灵敏度判别黑白两种颜色物体(图 4-22)。

图 4-22　颜色传感器

系统 PLC 程序根据传感器的动作情况辨别工件的黑白颜色,从而完成工件的颜色辨别功能的工序。

注:本模块检测结果的处理方式由 PLC 程序来设定(用户可根据使用要求进行更改)在调试过程中,如果传感器误动作或者灵敏度不稳定,此时通过旋转该传感器的灵敏度的电位器调节(灵敏度调节方法参照姿势辨别传感器的调节方法)。

3) 光电传感器工作原理

光电式传感器是通过把光强度的变化转换成电信号的变化来实现检测的。光电传感器在一般情况下由发射器、接收器和检测电路三部分构成。发射器对准物体发射光束,发射的光束一般来源于发光二极管和激光二极管等半导体光源。光束不间断地发射,或者改变脉冲宽度。接收器由光电二极管或光电三极管组成,用于接收发射器发出的光线。检测电路用于滤出有效信号和应用该信号。常用的光电式传感器又可分为漫射式、反射式、对射式等几种。

4) 漫射式光电传感器

漫射式光电传感器集发射器与接收器于一体,在前方无物体时,发射器发出的光不会被接收器接收到。当前方有物体时,接收器就能接收到物体反射回来的部分光线,通过检测电路产生开关量的电信号输出。

1.4　挡料模块

1) 功能

该模块主要用于执行系统 PLC 程序设置的工件推入指定的回收箱内。

2) 动作示意图

推料缸执行示意如图 4-23 所示。

图 4-23　推料缸执行示意图

例如:当姿势辨别传感器检测到工件放置的姿势错误,PLC 程序驱动推料气缸快速伸出,将当前工件推到回收箱内。

注:本模块执行动作的处理方式由 PLC 程序来设定(用户可根据控制要求进行更改)。

3）相关元件的工作原理

（1）执行气缸

①双作用气缸活塞的往返运动是依靠压缩空气从缸内被活塞分隔开的两个腔室（有杆腔、无杆腔）交替进入和排出来实现的，压缩空气可以在两个方向上做功。由于气缸活塞的往返运动全部靠压缩空气来完成，所以称为双作用气缸。

②由于没有复位弹簧双作用气缸可以实现更长的有效行程和稳定的输出力。但双作用气缸是利用压缩空气交替作用于活塞上实现伸缩运动的，由于回缩时压缩空气有效作用面积较小，所以产生的力要小于伸出时产生的推力。

1.5　吸盘式移载机械手

1）组成

该模块由 X 轴（磁性耦合气缸）、Y 轴（单轴气缸）、真空技术模块、缓冲气缸，以及定位、限位传感器组成（图 4-24）。

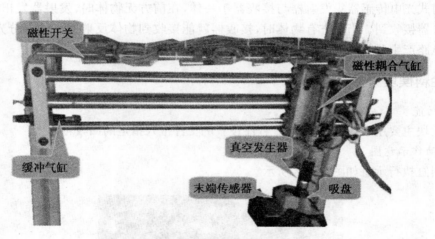

图 4-24　吸盘式移载机械手

2）功能

当输送带将工件传送到输送带末端时，末端电容接近开关检测到工件到位，并将信号反馈给 PLC。吸盘移载机械手在 PLC 程序的驱动下，Y 轴气缸下降，真空吸盘将工件吸住，最后由 X 轴气缸移至指定的位置分类。

注：本模块执行动作的处理方式由 PLC 程序来设定（用户可根据控制要求进行更改）。

3）相关元件的工作原理

（1）真空技术模块

①原理

真空发生器根据喷射器原理产生真空。当压缩空气从进气口流向排气口时，在真空口上就会产生真空。吸盘与真空口连接。如果在进气口无压缩空气，则抽空过程就会停止。

②功能

利用真空吸力将工件吸起，按系统设定的指令，放到相应的位置释放（图 4-25）。

图4‐25　吸合工件示意图

（2）磁性耦合气缸

无杆气缸顾名思义就是没有活塞杆的气缸，它利用活塞直接或间接带动负载实现往复运动。由于没有活塞杆，气缸可以在较小的空间中实现更长的行程运动。磁性耦合式无杆气缸在活塞上安装了一组高磁性稀土永久磁环，其输出力的传递靠磁性耦合，由内磁环带动缸筒外边的外磁环与负载一起移动。其特点是无外部空气泄漏，节省轴向空间；但当速度过快或负载太大时，可能造成内外磁环脱离。

（3）缓冲气缸

①作用

为避免活塞杆在推拉大型重物或活塞时速度太快而产生剧烈碰撞，损坏机件，必须在活塞行程的终端位置前装设液压缓冲器。

②原理

自适应液压缓冲结构如图4‐26所示。缓冲器由液压缸、活塞、缓冲簧、调节装置组成。工作时，在机构的行程末端装上液压缓冲器。当机构以较高的速度碰到液压缓冲器活塞杆时，会使液压缓冲器腔Ⅰ体积减小，液体压力升高，迫使其中的液体经活塞与液压腔间隙流向腔Ⅱ，由于流液孔面积与活塞面积相比小得多，液体的流动受到一定的节制，使腔Ⅰ压力升高，阻止活塞和机构前进，同时缓冲簧被压缩，储存一部分能量，当机构能量被消耗完后，缓冲簧伸张，释放能量，推动机构复进。后座过程中，当

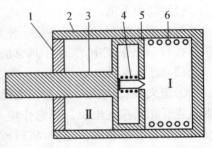

1—液压缸盖；2—液压缸；3—活塞杆；
4—调节装置；5—活塞；6—缓冲簧

图4‐26　自适应液压缓冲器结构

调节塞压力超过调节簧预压力时，调节弹簧被压缩，流液口面积增大，降低液压阻力，当液压阻力小于一定数值时，调节活塞关闭，减小流液口面积，使液压阻力基本保持在一定数值。从而，实现缓冲部分的平稳后座，提高缓冲效率。

1.6　翻转模块机械手

姿势辨别传感器检测到的工件为反向摆放时，输送带将该工件移至输送带的末端，翻转机械手下降，将工件夹起翻转纠正。纠正后的工件最后由吸盘式机械手移载到相应的位置上摆放（图4‐27）。

1）功能

本翻转式机械手可实现 360°的旋转。当输送带送来的工件不符合工艺要求,需要进行姿势的纠正。翻转机械手下降,机械手夹指动作,将工件夹起,然后通过旋转电机把工件旋转 360°。工件姿势纠正后,工件由输送带送到下一工作站。

注:本专机执行的动作、处理方式由 PLC 程序来设定(用户可根据使用要求进行更改)。

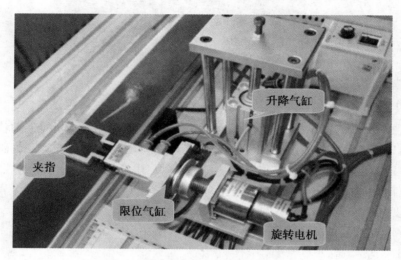

图 4-27　翻转机械手

2）相关元件的工作原理

（1）气动手爪

气动手爪这种执行元件是一种变型气缸。它可以用来抓取物体,实现机械手各种动作。在自动化系统中,气动手爪常应用在搬运、传送工件机构中抓取、拾放物体。

（2）直流电机

①定义:输出或输入为直流电能的旋转电机,称为直流电机,它是能实现直流电能和机械能互相转换的电机。当它作电动机运行时是直流电动机,将电能转换为机械能;作发电机运行时是直流发电机,将机械能转换为电能。

②原理:直流电机由定子和转子两部分组成,其间有一定的气隙。其构造的主要特点是具有一个带换向器的电枢。直流电机的定子由机座、主磁极、换向磁极、前后端盖和刷架等部件组成。其中主磁极是产生直流电机气隙磁场的主要部件,由永磁体或带有直流励磁绕组的叠片铁芯构成。直流电机的转子则由电枢、换向器(又称整流子)和转轴等部件构成。其中电枢由电枢铁芯和电枢绕组两部分组成。电枢铁芯由硅钢片叠成,在其外圆处均匀分布着齿槽,电枢绕组则嵌置于这些槽中。换向器是一种机械整流部件。由换向片叠成圆筒形后,以金属夹件或塑料成型为一个整体。各换向片间互相绝缘。换向器质量对运行可靠性有很大影响。

（3）对射式光电开关

工作原理:光电开关(光电传感器)是光电接近开关的简称,它是利用被检测物对光束的遮挡或反射,由同步回路选通电路,从而检测物体有无。物体不限于金属,所有能反射光线的物体均可被检测。光电开关将输入电流在发射器上转换为光信号射出,接收器再根据接收到的光线的强弱或有无对目标物体进行探测。工作原理如图 4-28(b)所示，多数光电开关选用的是波长接近可见光的红外线光波型。图 4-28(a)是以欧姆龙公司的部分光电开关外形图。槽式光电开关：它通常采用标准的 U 字形结构，其发射器和接收器分别位于 U 型槽的两边，并形成一光轴，当被检测物体经过 U 型槽且阻断光轴时，光电开关就产生了开关量信号。槽式光电开关比较适合检测高速运动的物体，并且它能分辨透明与半透明物体，使用安全可靠。

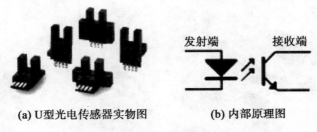

(a) U型光电传感器实物图　　　(b) 内部原理图

图 4-28　U 型对射传感器

使用注意事项：

①红外线传感器属漫反射型的产品，所采用的标准检测体为平面的白色画纸。

②红外线光电开关在环境照度高的情况下都能稳定工作，但原则上应回避将传感器光轴正对太阳光等强光源。

③对射式光电开关最小可检测宽度为该种光电开关透镜宽度的 80%。

④当使用感性负载（如灯、电动机等）时，其瞬态冲击电流较大，可能劣化或损坏光电开关。在这种情况下，请将负载经过交流继电器来转换使用。

⑤红外线光电开关的透镜可用擦镜纸擦拭，禁用稀释溶剂等化学品，以免永久损坏塑料镜。

⑥针对用户的现场实际要求，在一些较为恶劣的条件下，如灰尘较多的场合，所生产的光电开关在灵敏度的选择上增加了 50%，以适应在长期使用中延长光电开关维护周期的要求。

3）附件

（1）工件

工件一般为塑料或金属的，如图 4-29 所示。

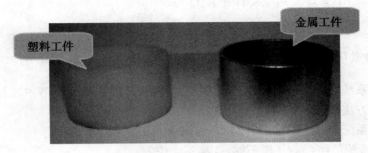

金属工件

塑料工件

图 4-29　金属、塑料工件实物图

（2）接线端子排

作用：柜内线之间的连接主要是为了接线美观，维护方便，在远距离线之间的连接时主要是牢靠,施工和维护方便。

（3）消声器

作用：用于消除中、高频噪声,可降噪约 20 dB,在气动系统中应用最广。

原理：依靠吸声材料消声。吸声材料有玻璃纤维、毛毡、泡沫塑料、烧结材料等。

（4）快速接头

在气动回路组装时使用的快速接头,拆装方便,符合工业生产标准,配有 4 mm、6 mm 两种口径(图 4 - 30)。

图 4 - 30　快速接头

（5）PU 软管

软管外表光滑,颜色多种且较光亮鲜艳,内外径规格标准稳定,变化少,管壁厚度均匀,具较强的柔韧性和耐磨性,配有 4 mm 及 6 mm 两种口径(图 4 - 31)。

图 4 - 31　PU 软管

2　PLC 常见故障及排除方法

2.1　系统的常见故障及排除方法

在本教学系统中,学员在操作过程中往往会遇到各种故障。本节主要针对常见的各种故障及排查方法作些简单的分析。

在本教学系统中,故障大致可以归结为以下五大类：

（1）气动系统故障(如：气压不够,气泵不工作等)；

（2）机械结构或安装故障(如：皮带容易跑偏,送料缸卡工件等)；

（3）电气接线错误(如：传感器、PLC、变频器不工作,PLC 的 I/O 口定义错误,PLC 之间、PLC 与变频器间无法通信等)；

(4) 参数设置错误(如:PLC无法下载程序,变频器不能正常工作等);

(5) PLC程序错误(如:设备工作不能按照要求完成相应的动作等)。

下面我们假设编写好PLC程序后,该系统的机械手无法左右移动。对于此故障,我们应当排查是否是气动故障,我们可以先看气体压力是否足够,如果足够的话我们按压气动换向阀上面的手动阀,如果此时机械手能移动,则意味着原因并非是气动系统的问题;但若不能移动:①查找气动方向阀继电器的电气接线是否连接到PLC的正确输出口上;②PLC用户程序是否同时驱动左右滑动线圈;③检测滑动气缸的左右两端的单向节流阀是否调得过大,以致气缸无法正常工作。否则便是PLC用户程序的设计问题。

下面我们列举了各种故障的现象,并将产生故障的原因做了估计,并将解决方案列于表4-1。

表4-1　系统运行操作时可能会发生

故障现象	故障原因	检查/解决方案
系统不能启动运行	1. 启动按钮信号是否输入到PLC中	结合PLC的输入指示灯,检查启动按钮信号线是否正确接到PLC的相应的输入端。正常连接时,按下启动按钮,PLC的相应指示灯置ON
	2. 系统是否处于原位状态	将系统复位
	3. 送料装置是否放入工件	将圆形工件放入送料装置的储料仓内
	4. 系统是否供给气源	检查气动回路的手滑阀,该阀是否处于进气状态或者气压是否满足工作所需的:0.4～0.6 MPa
系统不能停机	1. 停止信号是否传到PLC中	结合PLC的输入指示灯,检查停止按钮信号线是否正确接到PLC的相应的输入端。正常连接时,按下停止按钮,PLC的相应指示灯置ON
系统不能复位	1. PLC没有打到(RUN)运行状态	将PLC的运行开关打到(RUN)运行状态
	2. PLC的输出端没有接直流稳压电源24 V	给PLC的输出端接通稳压直流24 V电源
	3. 接到各气缸上的传感器的接线或安装位是否松动(观察传感器上的指示灯有没有亮)	检查各传感器上的接线或者安装位置是否偏移
	4. 供气源压力是否达到开机的最低要求	开启动力气源或调整气源处理器件,调整气压至0.4～0.6 MPa
	5. 各气缸上的节流阀的节流是否过大	检查气缸上的节流阀的节流情况或损坏

2.2 主电路部分出现故障的常见现象

主电路系统常见的故障如表 4-2 所示。

表 4-2 主电路常见的故障及排除方法

故障现象	故障原因	检查/解决方案
系统工作电源指示灯 OFF	1. 电源终端插头/插座接触不良	将终端插头/插座插紧
	2. 主电源开关是否合上	将主电源开关合上
	3. 电源控制回路是闭合动作	按下电源启动按钮
	4. 主回路线路是否是断路或开路	检测主回路的线路
PLC 电源指示灯不亮	1. PLC 电源开关是否合上	将 PLC 电源开关合上
	2. 工频电源至 PLC 工作电源端连接是否正确	检查工作电源线路是否连接正确或该回路是否断开
	3. PLC 内部电源模块保险丝断开	将该 PLC 模块返回厂家进行维修
变频器没有工作电源	1. 变频器电源开关是否合上	将变频器电源开关合上
	2. 工频电源至变频器的工作电源端连接是否正确	检查工作电源线路是否连接正确或该回路是否断开
人机界面(GOT)	1. 外部直流 24 V 电源的工作电源开关是否合上	将工作电源开关合上
	2. 直流电源 24 V 的保险丝是否熔断	检查及更换 3 A 熔断丝
	3. 人机界面工作电源开关是否闭合	将人机界面的工作电源开关闭合

2.3 传感器部分出现故障的常见现象

传感器故障及解决方法如表 4-3 所示。

表 4-3 传感器故障及解决方法

传感器功能	故障现象	检查/解决方案
材料检测(金属)传感器	检测金属工件不正常	1. 检测该传感器是否接上 24 V 工作电源
		2. 检测传感器的输入端是否接到 PLC 的相应输入端口
		3. 传感器的安装探头与所检测的工件距离是否过远。此时,适当调整探头与工件的安装位置
颜色检测传感器	检测颜色工件不正常	1. 检测该传感器是否接上 24 V 工作电源
		2. 检测传感器的输入端是否接到 PLC 的相应输入端口
		3. 传感器的安装探头与所检测的工件距离过远。此时,适当调整探头与工件的安装位置
		4. 传感器的检测灵敏度是否过低。通过调整灵敏调节开关(该调整开关的调整方法:顺时针为灵敏度增强,反之减弱)

传感器功能	故障现象	检查/解决方案
姿势辨别传感器	辨别反置工件不稳定	1. 检测该传感器是否接上 24 V 工作电源
		2. 检测传感器的输入端是否接到 PLC 的相应输入端口
		3. 传感器的安装探头与所检测的工件距离是否过远。此时,适当调整探头与工件的安装位置
		4. 传感器的检测灵敏度是否过低。通过调整灵敏调节开关(该调整开关的调整方法:顺时针为灵敏度增强,反之减弱)
光纤传感器	传感器工作电源灯不亮	1. 检测该传感器是否接上 24 V 工作电源
		2. 内部发生故障,请联系本公司技术部
	传感器检测工件不动作	1. 光纤传感器检测探头的安装是否与所检测的工件距离过远。(适当调整安装距离)
		2. 传感器的检测灵敏度是否过低。通过调整灵敏调节开关(该调整开关的调整方法:顺时针为灵敏度增强,反之减弱)
磁性开关传感器	气缸对应的传感器工作指示灯不亮	1. 检测该传感器是否接到 COM(蓝色)与相应的 X(棕色)输入端上。同时极性是否正确
		2. 气缸内部的磁环是否对准该磁性开关。(通过手滑阀将系统的气源断开,用手上下动作气缸,观察传感器工作指示灯是否有动作)
		3. 磁性开关的安装位置是否不对或者位置已偏移。(通过手滑阀将系统的气源断开,用手上下动作气缸,观察传感器工作指示灯是否有动作,如果确定为位置不对,则调整安装位置)

2.4　气动回路部分出现故障的常见现象

气动系统故障及解决方法如表 4-4 所示。

表 4-4　气动系统故障及解决方法

故障现象	故障原因	检查/解决方案
系统气源无气压	1. 动力气泵或压缩机是否通电启动运行	检测气泵或压缩机是否接上工作电源,然后按下启动运行按钮
	2. 动力气泵或压缩机与系统手滑阀之间的开关阀是否处于打开状态	检测开关阀是否处于 ON 状态,如果该阀处于 OFF 状态,则需要将其置 ON
工作气源无法达到:0.4~0.6 MPa	1. 压力调节阀是否没调好	将压力调节阀旋钮提起,并顺时针旋转调节阀将系统压力调高
	2. 压力调节阀是否失灵	检查三联件相应的压力调节阀。确认该件已损坏的,请联系厂家

故障现象	故障原因	检查/解决方案
气缸不动作	1. 电磁换向阀是否正常工作	检查或更换电磁换向阀
	2. 对应的电磁换向阀与相应的气缸的气动回路是否正确	检查气管回路,并确认该回路连接正确
	3. 气缸内是否太多油污而塞住气缸动作	清理气缸的油污
	4. 气缸两端的单向节流阀是否调得过大	将对应的节流阀的节流量适当调细
PLC 程序执行,对应的气缸不动作	1. PLC 输出端是否接上电磁换向阀所需的 24 V 工作电压	给 PLC 输出端接上 24 V 外部电源
	2. PLC 程序是否正确,同时观察 PLC 输出指示灯是否置 ON	检查及修改 PLC 运行程序

2.5 PLC 软件部分出现故障的常见现象

PLC 软件故障及解决方法如表 4-5 示。

表 4-5 软件故障及解决方法

功能	故障原因	检查/解决方案
PLC 编程及下载	PLC 无法下载程序	1. 编程电脑与 PLC 是否连上通信用的编程电缆(RS232 通信线)
		2. 编程电脑的通信端口与编程软件的通信端口是否一致
	PLC 编程软件无法修改程序	1. 检查编程软件的当前模式,是否处于写入模式。否则,更改为写入模式
		2. 检查编程软件的当前模式是否处于插入模式。此时,通过按键 INSERT 将插入模式更改为普通模式

2.6 变频器部分出现故障的常见现象

变频器故障及解决方法如表 4-6 所示。

表 4-6 变频器故障及解决方法

故障现象	故障原因	检查/解决方案
变频器不能在 PU 模式运行	变频器当前不是处于 PU 运行模式	1. 通过 Pr.79,将该参数值更改为 1
		2. 如果 Pr.79 的当前值为 0 时,也可以通过 PU/EXT 切换键,将运行模式切换到 PU 运行模式
变频器不能在 PU 与 EXT 之间切换	外部有输入信号驱动变频器	1. 将变频器的外部信号断开
		2. Pr.79 的当前值为 0 时,通过 PU/EXT 切换键,将运行模式切换到 PU 运行模式
变频器的参数无法更改	变频器是否处于 PU 模式	将变频器切换到 PU 模式
	变频器是否有外部信号驱动	将变频器外部信号断开

故障现象	故障原因	检查/解决方案
变频器无法与 PLC 通信	检查通信线是否连接正常	检查或更换通信线
	通信参数是否设置正确	检查对应的通信参数是否正确。如 Pr. 117、118、119、120、121、122、123、124、340、79 等
	PLC 通信程序是否正确	检查 PLC 与变频器的通信程序是否正确,修改通信程序。(有必要时,可以编条相对简单的程序确认对应的通信线及变频器的设置参数是正确的)
	PLC 的通信格式参数是否正确	通过检查 PLC 通信格式参数 D8120 是否与变频器的通信参数一致

3　实训

3.1　实训一　指夹自动调平及翻转控制实训

翻转式机械手,当输送带送来的工件不符合工艺要求,需要进行姿势的纠正。翻转机械手下降,机械手夹指动作,将件夹起。然后通过旋转电机把工件旋转 180°,工件姿势纠正后,工件由输送带送到下一工作站。

图示为翻转式机械手,由于翻转机械手用直流马达或气缸控制左、右翻转。在自行分析电路功能后,已知反转左限位为 X3,反转右限位为 X4,机械手顺时针旋转为 Y3,机械手逆时针旋转为 Y4,完成考核要求。

考核要求:

(1)指夹自动调平及翻转控制;

(2)画出顺序功能图(SFC);

(3)写出梯形图。

1. 顺序功能图(SFC)

No	块标题	块类型
0	初始块	- 梯形图块
1	翻转机械手	- SFC块
2		
3		
4		
5		
6		
7		
8		
9		
10		
11		
12		
13		
14		
15		
16		
17		
18		
19		
20		
21		
22		
23		
24		

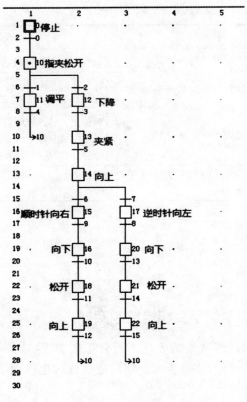

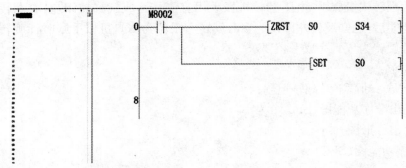

2. 梯形图

```
      M8002
 0 ----| |--------------------------------------[ZRST  S0    S34 ]
       |
       |                                        [SET   S0        ]
       |
 8 ----------------------------------------------[STL   S0        ]

      M8002
 9 ----| |--------------------------------------[ZRST  Y000  Y004 ]

      M810
15 ----|↑|--------------------------------------[SET   S10       ]

19 ----------------------------------------------[STL   S10       ]
```

```
       M8000
20     ┤├─────────────────────────────────────────────────────(Y002    )
       │
       │                                                            K15
       └────────────────────────────────────────────────────(T11     )

       T11    X003   X004
25     ┤├─────┤├─────┤├──────────────────────────────────[SET    S11     ]

       X003   X004
30     ┤├─────┤╱├──────┐──────────────────────────────────[SET    S12     ]
                       │
       X003   X004     │
       ┤╱├─────┤├──────┘
37     ─────────────────────────────────────────────────[STL    S11     ]

       X003   X004   Y004
38     ┤├─────┤├─────┤╱├────────────────────────────────────(Y003    )

       Y003   X004
42     ┤╱├─────┤╱├──────┐─────────────────────────────[SET    Y004     ]
                        │
                        └────────────────────────────[RST    Y003     ]

       X004   X003
46     ┤├─────┤╱├────────────────────────────────────[RST    Y004     ]

       X004   X003
49     ┤├─────┤╱├────────────────────────────────────────(S10     )

53     ─────────────────────────────────────────────────[STL    S12     ]

       M8000   T11
54     ┤├─────┤↑├───────┐───────────────────────────[SET    Y000     ]
                        │
               Y000     │                                    K20
               ┤├───────┘──────────────────────────────(T13     )

       X002    T13
63     ┤├─────┤├─────────────────────────────────────[SET    S13     ]

67     ─────────────────────────────────────────────────[STL    S13     ]

       M8000
68     ┤├──────┐────────────────────────────────────[SET    Y001     ]
               │
               │                                            K20
               └──────────────────────────────────────(T10     )
```

```
73 ──┤↑├─────────────────────────────────────────[SET    S14 ]

77 ──────────────────────────────────────────────[STL    S14 ]

   M8000
78 ──┤ ├─────────────────────────────────────────[RST    Y000 ]

   X003   X004   X001
80 ──┤ ├──┤/├──┤ ├──────────────────────────────[SET    S15 ]

   X004   X003   X001
85 ──┤ ├──┤/├──┤ ├──────────────────────────────[SET    S17 ]

90 ──────────────────────────────────────────────[STL    S15 ]

   M8000
91 ──┤ ├──┬──────────────────────────────────────[SET    Y003 ]
          │  X004   X003
          └──┤ ├──┤/├──────────────────────────[RST    Y003 ]

   X004   X003
96 ──┤ ├──┤/├──────────────────────────────────[SET    S16 ]

100 ─────────────────────────────────────────────[STL    S17 ]

   M8000
101 ─┤ ├──┬──────────────────────────────────────[SET    Y004 ]
          │  X004   X003
          └──┤/├──┤ ├──────────────────────────[RST    Y004 ]

   X003   X004
106 ─┤ ├──┤/├──────────────────────────────────[SET    S20 ]

110 ─────────────────────────────────────────────[STL    S16 ]

   M8000
111 ─┤ ├──┬──────────────────────────────────────[SET    Y000 ]
          │                                      K15
          └──────────────────────────────────────(T4    )

   X002   T4
116 ─┤ ├──┤ ├──────────────────────────────────[SET    S18 ]

120 ─────────────────────────────────────────────[STL    S20 ]
```

```
        M8000
121 ─┤├──────┬──────────────────────────────────────[SET    Y000  ]
             │                                                K15
             └────────────────────────────────────────────(T5    )

     X002    T5
126 ─┤├──────┤├─────────────────────────────────────[SET    S21   ]

130 ─────────────────────────────────────────────────[STL    S18   ]


        M8000
131 ─┤├──────┬──────────────────────────────────────[RST    Y001  ]
             │                                                K20
             ├────────────────────────────────────────────(T12   )
             │   T12
             ├───┤├──────────────────────────────────────(Y002  )
             │                                              K15
             └────────────────────────────────────────────(T13   )

     T12    T13
141 ─┤├──────┤├─────────────────────────────────────[SET    S19   ]

145 ─────────────────────────────────────────────────[STL    S21   ]


        M8000
146 ─┤├──────┬──────────────────────────────────────[RST    Y001  ]
             │                                                K20
             ├────────────────────────────────────────────(T19   )
             │   T19
             ├───┤├──────────────────────────────────────(Y002  )
             │                                              K15
             └────────────────────────────────────────────(T20   )

     T19    T20
156 ─┤├──────┤├─────────────────────────────────────[SET    S22   ]

160 ─────────────────────────────────────────────────[STL    S19   ]
```

3.2 实训二 PLC设计师全机（主从站）运行实训

考核要求：

（1）根据下图所给I/O图设计全机运行程序，程序包括送料机构模块、检测模块、挡料模块、翻转模块机械手、变频器调速输送带、吸盘式移载机械手等程序的控制。

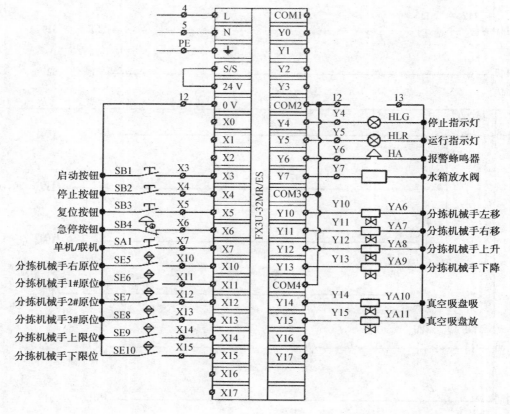

PLC从站I/O图

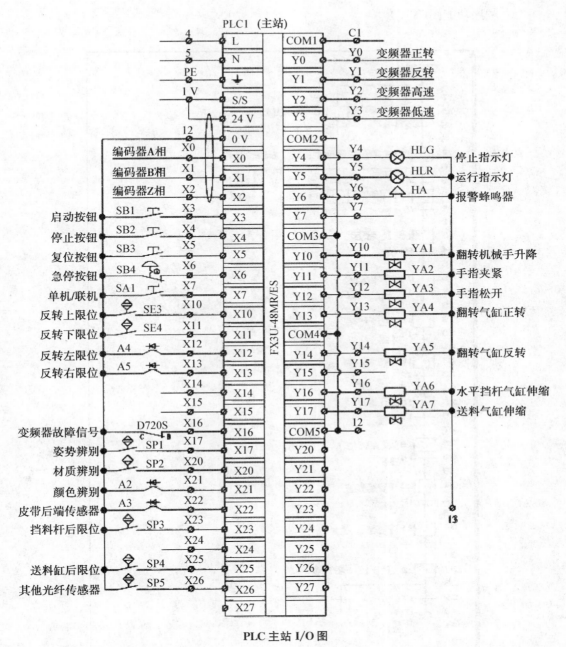

PLC 主站 I/O 图

（2）画出顺序功能图（SFC）。

（3）写出梯形图。

1. 顺序功能图（SFC）

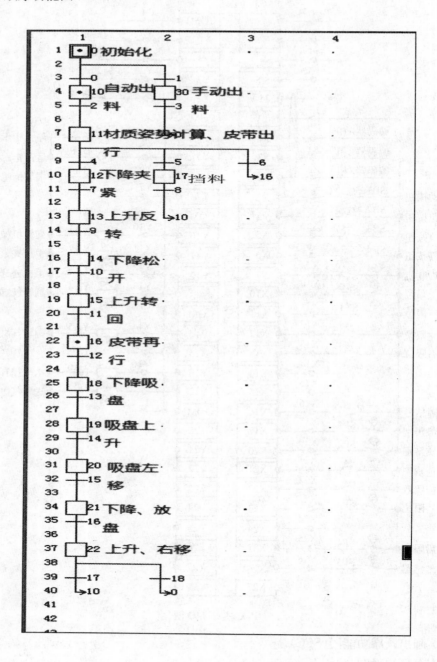

2. 梯形图

```
         M8000
0  ──┤ ├────────────────────────────────────────────────(M8070  )

         M8002
3  ──┤ ├──────────────────────────────────────[MOV    H0      D400    ]

         M0
9  ──┤ ├──────────────────────────────────────[MOV    K2      D100    ]

         M1
15 ──┤ ├──────────────────────────────────────[MOV    K4      D100    ]

         M2
21 ──┤ ├──────────────────────────────────────[MOV    K0      D100    ]


         M0
27 ──┤↑├──┬───────────────────────────────────────[SET    M3      ]
          │
     M1       M4
   ──┤↑├──┤/├──────────────────────────────────[MOV    H0FA    D101    ]
          │
     M2   │
   ──┤ ├──┤
          │
     M4   │
   ──┤↑├──┘

42 [<>   D300    D400    ]─────────────────────────────(M4     )


         M4
48 ──┤ ├──┬───────────────────────────────────[MOV    D300    D100    ]
          │
          ├───────────────────────────────────[MOV    H0ED    D200    ]
          │
          └───────────────────────────────────[MOV    D300    D400    ]

     M3       M5
64 ──┤ ├──┬──┤/├──────────────────[IVDR   K1      D101    D100    K1  ]
          │
          │  M8029
          └──┤ ├─────────────────────────────────[RST    M3      ]

     M8013
79 ──┤↑├──────────────────────────────────────────[SET    M5      ]
```

227

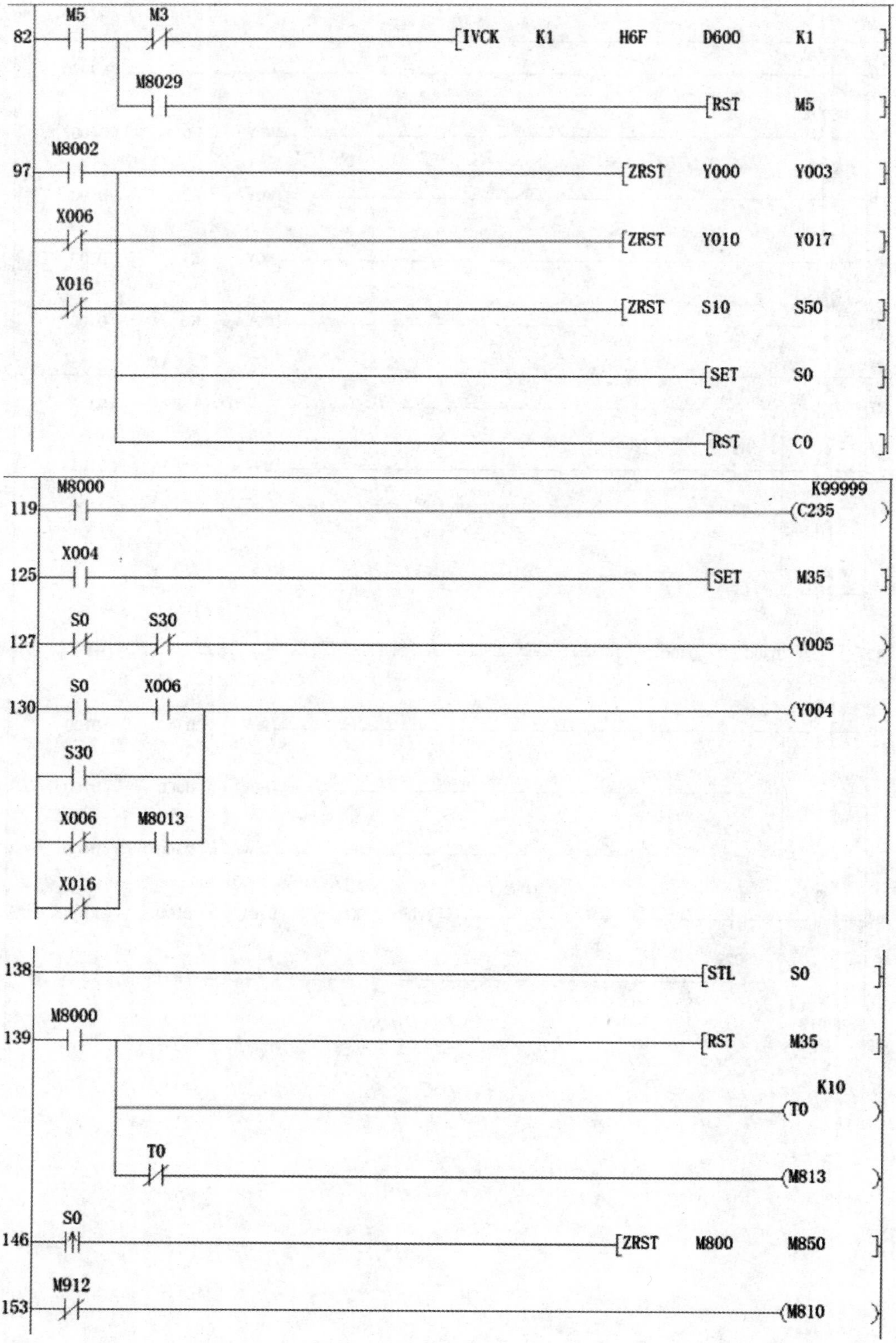
82
M5
M3
IVCK K1 H6F D600 K1
M8029
RST M5
97
M8002
ZRST Y000 Y003
X006
ZRST Y010 Y017
X016
ZRST S10 S50
SET S0
RST C0
119
M8000
K99999
C235
125
X004
SET M35
127
S0
S30
Y005
130
S0
X006
Y004
S30
X006
M8013
X016
138
STL S0
139
M8000
RST M35
K10
T0
T0
M813
146
S0
ZRST M800 M850
153
M912
M810

```
        X007   X003
155 ────┤├─────┤├──────────────────────────────────[SET    S10  ]

        X007
159 ────┤/├─────────────────────────────────────────[SET    S30  ]

162 ─────────────────────────────────────────────────[STL    S10  ]

        X026
163 ────┤├────────┬────────────────────────────────────────(M10  )
                  │
        M10       │
        ┤├────────┘

        M10    T0
166 ────┤├─────┤/├──────────────────────────────────────────(Y017 )
```

```
        Y017                                              K10
169 ────┤├──────────────────────────────────────────────(T0   )

        X026
173 ────┤├──────────────┬──────────────────────────[RST    C235 ]
                        │
                        └─────────────────────────[RST    C0   ]

        S10
178 ────┤↑├───────────────────────────────────[ZRST   M19   M24  ]

        T0
185 ────┤├────────────────────────────────────────[INCP   D500 ]

        T0
189 ────┤├─────────────────────────────────────────[SET    S11  ]

192 ─────────────────────────────────────────────────[STL    S30  ]

        M0     Y001
193 ────┤├─────┤/├──────────────────────────────────────────(Y000 )

        M1     Y000
196 ────┤├─────┤/├──────────────────────────────────────────(Y001 )

        M2     Y003
199 ────┤├─────┤/├──────────────────────────────────────────(Y002 )

        M3     Y002
202 ────┤├─────┤/├──────────────────────────────────────────(Y003 )

        M4
205 ────┤├──────────────────────────────────────────────────(Y010 )
```

229

```
207  ┤ M5 ├──┤/├ Y012──────────────────────────────────────(Y011)

210  ┤ M6 ├──┤/├ Y011──────────────────────────────────────(Y012)

213  ┤ M7 ├──┤/├ Y014──────────────────────────────────────(Y013)

216  ┤ M8 ├──┤/├ Y013──────────────────────────────────────(Y014)

219  ┤ M9 ├───────────────────────────────────────────────(Y016)

221  ┤ M10 ├──────────────────────────────────────────────(Y017)


223  ┤ X007 ├───────────────────────[ZRST    M0        M16 ]

229  ┤ M11 ├──────────────────────────────────────────────(M808)

231  ┤ M12 ├──────────────────────────────────────────────(M809)

233  ┤ M13 ├──────────────────────────────────────────────(M810)

235  ┤ M14 ├──────────────────────────────────────────────(M811)

237  ┤ M15 ├──────────────────────────────────────────────(M812)


239  ┤ M16 ├──────────────────────────────────────────────(M813)

241  ┤ X007 ├──────────────────────────────────────────────(S0)

244  ────────────────────────────────────────[STL       S11 ]

245  ┤ M8000 ├─────────────────────────────────────────────(Y000)
          │
          ├──────────────────────────────────────────────(Y003)
          │
          ├──────────────────────[DHSCS   D200   C235   M20 ]
          │
          └──────────────────────[DHSCS   D250   C235   M19 ]
```

```
         X017                                                    K2
274      ┤├                                                    ─(C0      )

         M20    C0
278      ┤├    ─┤/├                                         ─[SET   M21  ]

         X020
281      ┤├                                                 ─[SET   M22  ]

         X021   M22
283      ┤├    ─┤/├                                         ─[SET   M23  ]

         M21
286      ─┤↑├                                               ─[INC   D502 ]

         M907   M20    M21
291      ┤├    ─┤├    ─┤├                                    ─[SET   S12  ]


         M907   M19    M21
296     ─┤/├   ─┤├    ─┤├                                    ─[SET   S17  ]

         M21    M19
301     ─┤/├    ┤├                                           ─(S16     )

305                                                         ─[STL   S12  ]

         S12    T10
306      ┤├    ─┤/├                                           ─(Y012    )
                                                                      K5
                                                             ─(T10     )

         X012
314     ─┤/├                                                 ─(Y014    )


         M21    X012
316      ┤├     ┤├                                          ─[SET   Y010 ]

         X011
319      ┤├                                                  ─(Y011    )

         Y011                                                      K5
321      ┤├                                                  ─(T2      )

         M8000
325      ┤├                                                 ─[RST   C0   ]

         T2
328      ┤├                                                 ─[SET   S13  ]

331                                                        ─[STL   S17  ]
```

231

```
        M21
332 ─┤├────────────────────────────────────────────(Y016  )

        Y016
334 ─┤├──┬─────────────────────────────────────────(M11   )
        M11 │                                          K10
    ─┤├──┘─────────────────────────────────────────(T4    )

        M8000
340 ─┤├──────────────────────────────────[RST    C0    ]

        T4
343 ─┤├────────────────────────────────────────────(S10   )

346 ──────────────────────────────────────[STL    S13   ]

347 ──────────────────────────────────────[RST    Y010  ]

        X010
348 ─┤├────────────────────────────────────────────(Y013  )

        X013
350 ─┤├──────────────────────────────────[SET    S14   ]

353 ──────────────────────────────────────[STL    S14   ]

354 ──────────────────────────────────────[SET    Y010  ]

        X011
355 ─┤├────────────────────────────────────────────(Y012  )

        Y012                                          K5
357 ─┤├────────────────────────────────────────────(T3    )

        T3
361 ─┤├──────────────────────────────────[SET    S15   ]

364 ──────────────────────────────────────[STL    S15   ]

365 ──────────────────────────────────────[RST    Y010  ]

        X010
366 ─┤├────────────────────────────────────────────(Y014  )

        X012
368 ─┤├──────────────────────────────────[SET    S16   ]
```

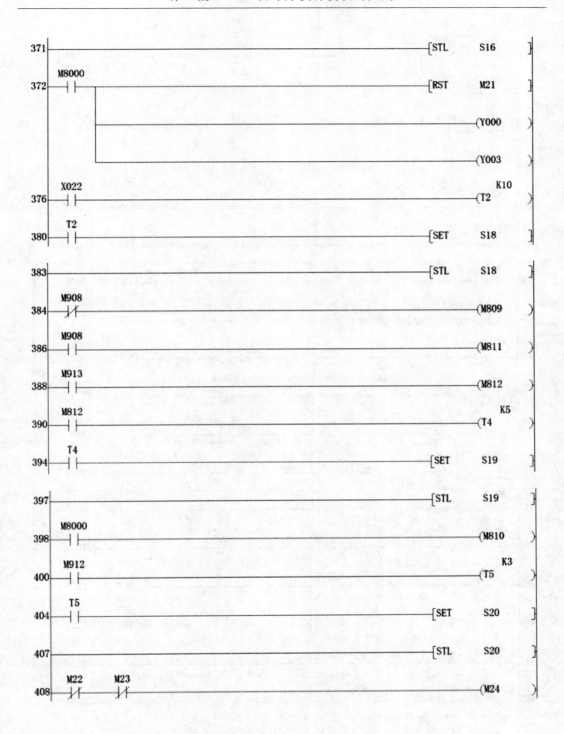

```
411  M22    M909                                              (M30    )
     ─┤├────┤├──┐
     M23    M910 │
     ─┤├────┤├──┤
     M24    M911 │
     ─┤├────┤├──┘

     M30
420  ─┤/├──────────────────────────────────────────────────(M808   )

     M22
422  ─┤├────────────────────────────────────────────[INCP   D505   ]

     M23
426  ─┤├────────────────────────────────────────────[INCP   D506   ]

     M24
430  ─┤├────────────────────────────────────────────[INCP   D507   ]

     M30
434  ─┤├─────────────────────────────────────────────[SET    S21    ]

437  ─────────────────────────────────────────────────[STL    S21    ]

     S21                                                        K1
438  ─┤├──┬───────────────────────────────────────────────(T11    )
          │  T11
          └──┤/├────────────────────────────────────────(M809   )

     M8000  M913
444  ─┤├────┤/├──────────────────────────────────────────(M811   )

     M913
447  ─┤├─────────────────────────────────────────────────(M813   )

     M813                                                       K15
449  ─┤├─────────────────────────────────────────────────(T6     )

     T6
453  ─┤├─────────────────────────────────────────────[SET    S22    ]

456  ─────────────────────────────────────────────────[STL    S22    ]

     M912
457  ─┤/├────────────────────────────────────────────────(M810   )

     M908   M912
459  ─┤/├────┤├──────────────────────────────────────────(M809   )
```

234

```
         M912    M908
462       ┤├──────┤├──────────────────────────────────────────(M31    )

         S22
465       ┤↑├──────────────────────────────────────────[INCP    D501   ]

         M31    M35    X007
470       ┤├─────┤╱├────┤├─────────────────────────────────────(S10    )

         M35    M31
475       ┤├──────┤├──────────────────────────────────────────(S0     )
          │
         X007
          ┤╱├──┘

480      ─────────────────────────────────────────────────────[RET    ]

481      ─────────────────────────────────────────────────────[END    ]
```

参考文献

[1] 罗雪莲. 可编程控制器原理与应用[M]. 北京:清华大学出版社,2008

[2] 三菱电机. 三菱通用变频器 FR-D700 使用手册(应用篇)

[3] 郭昌荣. FX 系列 PLC 的链接通信及 VB 图形监控[M]. 北京:北京航空航天大学出版社,2008

[4] 吴明亮,蔡夕忠. 可编程控制器实训教程[M]. 北京:化学工业出版社,2005

[5] 吕景泉. 自动化生产线安装与调试[M]. 北京:中国铁道出版社,2008

[6] 廖常初. FX 系列 PLC 编程及应用[M]. 北京:机械工业出版社,2009

[7] 中国工控网,http://www.chinakong.com/

[8] Morris Driels. Linear Control Systems Engineering[M]. 北京:清华大学出版社,2000

[9] 吴启红. 变频器、可编程控制器及触摸屏综合应用技术实操指导书[M]. 北京:机械工业出版社,2008

[10] 三菱电机. 三菱特殊模块应用手册

[11] FX Programming Manual Ⅱ-1. Mitsubishi Electric Corporation.

[12] GX Developer-FX Software Manual. Mitsubishi Electric Corporation.

[13] FX2N Siries Programmable Hardware Manual. Mitsubishi Electric Corporation.

[14] FX1N Siries Programmable Hardware Manual. Mitsubishi Electric Corporation.

[15] FX Communications User's Guide. Mitsubishi Electric Corporation.

[16] FX2N-16CCL-M-FX2N-32CCL CC-Link VER1. 1. Mitsubishi Eletric Corporation.

[17] Festo Didactic Gmbh & CollManual FMS 50[M]. Germany:D-73770Denken, 2002(1)

[18] 程子华,刘小明. PLC 原理与编程实例分析[M]. 北京:国防工业出版社,2014

[19] 朱梅,朱光力. 液压与气动技术[M]. 西安:西安电子科技大学出版社,2007